U0662624

AI全能办公
用AI工具
快速提升工作效率

张诚忠 ◎ 编著

清华大学出版社
北京

内 容 简 介

本书通过 77 个案例，全面介绍了 AI 办公的 23 款工具与 77 个技巧，并赠送 207 分钟同步教学视频+190 个素材效果文件+113 组实例提示词。

23 款 AI 办公工具分别是：通义、橙篇、百度文库、腾讯文档、讯飞智文、Boardmix、文心一格、即梦 AI、可灵 AI、剪映、海绵音乐、Kimi、天工 AI、ChatGPT、智谱清言、文心一言、秘塔 AI 搜索、360 智脑、PiccoPilot、讯飞星火、腾讯智影、豆包、扣子。

23 个行业领域的具体应用是：咨询提问、文案创作、文档处理、表格制作、PPT 制作、思维导图、绘图设计、摄影创作、视频生成、剪辑、音乐创作、行政人力、编辑出版、教学、诗词创作、短剧写作、活动策划、产品运营、电商、市场营销、直播卖货、数据分析、智能客服。

无论是职场新手还是资深人士，都能从中获取实用知识与技能，实现办公效率的大幅提升，从而在 AI 时代的工作中抢占先机。

图书在版编目(CIP)数据

AI 全能办公：用 AI 工具快速提升工作效率 / 张诚忠编著. -- 北京：清华大学出版社，2025.9.
ISBN 978-7-302-70123-1

Ⅰ. TP317.1

中国国家版本馆 CIP 数据核字第 2025GJ3364 号

责任编辑：张　瑜
装帧设计：杨玉兰
责任校对：李玉萍
责任印制：刘　菲

出版发行：清华大学出版社

网　　　址：https://www.tup.com.cn, https://www.wqxuetang.com
地　　　址：北京清华大学学研大厦 A 座　　　　邮　　编：100084
社 总 机：010-83470000　　　　　　　　　　　邮　　购：010-62786544
投稿与读者服务：010-62776969, c-service@tup.tsinghua.edu.cn
质量反馈：010-62772015, zhiliang@tup.tsinghua.edu.cn

印 装 者：北京同文印刷有限责任公司
经　　销：全国新华书店
开　　本：170mm×240mm　　印　张：17.25　　　字　数：330 千字
版　　次：2025 年 9 月第 1 版　　　　　　　　印　次：2025 年 9 月第 1 次印刷
定　　价：69.80 元

产品编号：109629-01

前　　言

■ 痛点分析

在办公过程中，职场人士常常面临工作效率低下、缺乏专业工具使用技巧以及创新能力不足等痛点。在传统办公模式下，无论是在日常问题处理、数据分析，还是文档编辑、PPT 制作等方面，都极耗费职场人士的时间和精力，且难以保证工作质量。随着 AI 技术的快速发展，虽然市场上涌现出了众多 AI 办公工具，但如何高效地利用这些工具、掌握其使用技巧，并将其融入到具体行业的应用中，仍是许多职场人士面临的挑战。

❶ 痛点一：工作效率低下

在日常办公中，许多职场人士可能面临工作效率低下的问题，传统的手动操作方式耗时长且容易出错，尤其是在处理文案、文档、表格等任务时，重复性的工作占据了大量时间，导致整体效率不高。

❷ 痛点二：AI 办公工具选择困难

随着 AI 技术的不断发展，市场上涌现出了许多 AI 办公工具，如文心一言、Kimi、通义等，每个工具都有其独特的功能和优势。然而，对于初学者或不了解这些工具的人来说，选择合适的 AI 办公工具成为一个难题。他们可能不清楚哪个工具更适合自己的需求，或者在使用过程中因为不熟悉工具的功能而效率低下。

❸ 痛点三：AI 办公工具使用技巧缺乏

虽然市面上有许多高效的 AI 工具，但许多职场人士并不了解这些工具，或者不知道该如何正确、高效地使用它们。由于缺乏系统的学习路径和实用的操作指南，这些工具的优势无法得到充分发挥。

■ 写作驱动

在当今快节奏的时代，高效的工作效率成为许多职场人士的追求。但如何在保证工作质量的情况下提高工作效率，是不少职场人士面临的难题和挑战。

随着人工智能技术的飞速发展，各类 AI 工具正逐步渗透到我们的日常工作中，为办公效率与创造力的提升带来了前所未有的机遇。但是，仅仅掌握 AI 办公工具的基本操作还远远不够。如何高效地将其应用到实际办公场景中，创作出令人满意的工作成果，仍是许多职场人士面临的难题。

正是基于这样的背景和需求，《AI 全能办公：用 AI 工具快速提升工作效率》应运而生。本书旨在成为职场人士、创意工作者以及学生群体手中的一把钥匙，解锁 AI 工具在办公领域的无限潜能。因此，本书并未停留在理论层面的探讨上，而是深入浅出地介绍了多款主流 AI 工具的具体应用方法，通过丰富的案例与实操技巧，帮助读者快速上手，实现工作效率的提升。

本书全方位覆盖了办公场景中遇到的多种需求，从咨询提问到文案创作，从文档处理到表格制作，再到 AI PPT、思维导图、绘图设计、摄影创作等多个维度，满足不同场景下的实际应用。每一章都围绕特定的 AI 工具展开，详细阐述了其高效应用的技巧与策略，同时结合实际应用案例，让读者在理解理论的同时，也能通过实践加深印象，真正掌握这些工具的精髓。

另外，本书还特别关注了 AI 技术在市场营销、电商运营、直播卖货、数据分析与智能客服等新兴领域的应用，通过详细剖析这些领域的 AI 应用案例，为读者提供了全新的视角与思路，助力他们在激烈的市场竞争中脱颖而出。

无论你是职场新人，还是有一定经验的老员工，都能从本书中获得启发和收获。让我们一起踏上 AI 办公的旅程，用智慧和创意点亮高效工作的火花，共同书写属于我们的精彩篇章！

■ 本书亮点

本书集实用性、创新性与前瞻性于一体，主要包括以下四大亮点。

❶ 四大资源超值赠送

本书赠送了 23 款好用的 AI 工具使用链接、113 组提示词、190 个素材效果文件及 207 分钟同步教学视频等学习与教学资源，这些资源能够帮助读者更加直观地了解 AI 工具的使用方法与技巧，让学习变得更加便捷和高效。

❷ 23 款主流 AI 办公工具

本书详细介绍了通义、橙篇、百度文库、腾讯文档、讯飞智文、Boardmix、文心一格、即梦 AI、可灵 AI、剪映、海绵音乐、Kimi、天工 AI、ChatGPT、智谱清言、文心一言、秘塔 AI 搜索、360 智脑、PiccoPilot、讯飞星火、腾讯智影、豆包以及扣子等当前市场上主流的 AI 办公工具，帮助读者全面了解这些工具的基本操作、功能特点以及使用场景，为职场办公提供多样化的选择。

❸ 23 个 AI 办公场景深入剖析

本书通过大量的应用案例，全面介绍了 AI 在办公领域的应用，涵盖咨询提问、文案创作、文档处理、表格制作、PPT 制作、思维导图、绘图设计、摄影创作、视频生成与剪辑、音乐创作、行政人力、编辑出版等多个方面。不论你是职场新人还是资深管理者，都能从中找到适合自己的 AI 工具办公技巧，实现工作效率的全面提升。

❹ 77 个专业技巧 + 77 个应用案例

针对每一种 AI 工具，本书都进行了深入剖析，详细讲解了其使用方法和技巧。通过丰富的案例和操作步骤，让读者能够快速掌握 AI 工具的核心功能和用法。同时，本书还注重培养读者的创新思维，鼓励读者在实践中不断地探索和尝试，发掘 AI 工具的更多可能性。

■ 特别提醒

❶ **版本更新**：本书涉及多种软件和工具，其中通义版本为通义千问 2.5 模型，文心一格为基于文心大模型能力的 AI 艺术和创意辅助平台，剪映专业版为 5.7.0，天工 AI 为 3.0 对话助手，文心一言为文心大模型 3.5，讯飞星火为 V4.0 模型。虽然本书在编写时是基于各种 AI 工具和网页平台的界面截取的实际操作图片，但实际上从编辑到出版需要一段时间，期间这些工具或网页的功能和界面可能会发生变化。请在阅读时，根据书中所提供的思路举一反三，灵活学习。

❷ **提示词的使用**：提示词也称为关键词、指令或"咒语"。需要注意的是，即使是相同的提示词，AI 工具每次生成的文案、图像和视频效果也会存在差别，这是模型基于算法与算力得出的新结果，是正常的。所以，大家看到书中的截图与视频存在区别，包括大家用同样的提示词，所生成的文案或效果同样也会有差异。因此，在扫码观看教学视频时，读者应把更多的精力放在提示词的编写和实操步骤上。

❸ **内容说明**：本书虽然分为 23 章，但这些章中的 AI 技巧与应用案例是可以通用的，读者在学习时可以灵活参考，不必受章节划分的限制。对于介绍的某个工具的某些功能，其实在其他 AI 工具中也有，限于篇幅，不再一一介绍，读者有时间可以亲自操作一下。另外，在撰写本书的过程中，因为篇幅有限，对于 AI 工具回复的内容只展示了要点，至于详细的回复文案，请看随书提供的完整效果文件。

❹ **版本说明**：本书中涉及的所有工具都是以网页版形式进行讲解，读者可以按照书中步骤进行操作。其中有些工具有手机版，由于篇幅原因，不再一一介绍，但操作方法和网页版类似，读者可以融会贯通。

■ 素材获取

如果读者需要获取书中案例的素材、效果、视频和其他资源，请使用微信的"扫一扫"功能，按需扫描下面的二维码即可。

素材、效果、提示词　　　资源赠送：DeepSeek 应用技巧等

■ **本书作者**

　　本书由张诚忠编著，参与编写的人员还有毛文静等人，在此表示感谢。由于作者知识水平有限，书中难免有疏漏之处，恳请广大读者批评、指正。

编　者

目　　录

第 1 章

咨询提问：通义办公的高效应用

在探索通义办公的高效应用中，掌握正确的咨询提问技巧至关重要。本章将深入探讨一系列提问技巧，并通过应用案例，帮助用户轻松驾驭通义，进而提升工作效率。

通义是由阿里云推出的语言模型，能够进行多轮对话，支持逻辑推理，能理解多模态信息，并涵盖多种语言。首先，向大家介绍一下通义的首页组成，如图 1-1 所示，帮助大家快速了解通义的操作页面。

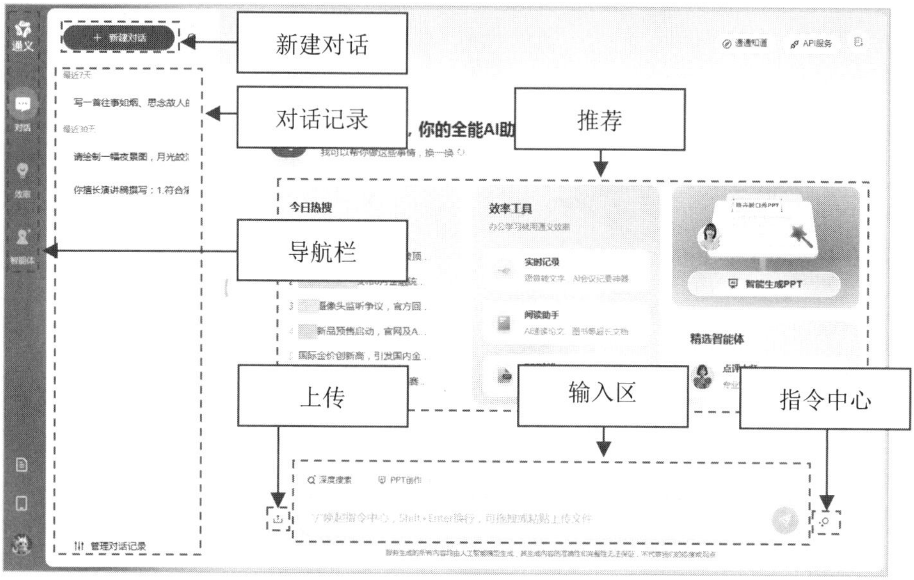

图 1-1　通义的首页组成

1.1　提问技巧

本节将带领用户深入探讨提问技巧的重要性，引导用户如何通过简化提问、细化问题、提供指令、利用示例、整合提问以及创新探索等技巧，提升 AI(Artificial Intelligence，人工智能)的咨询效率和沟通质量。

1.1.1　简化提问

在编写通义的提示词时，"简化提问"是一种高效且实用的策略，其核心在于通过简洁、直接的语言表达自己的需求，确保通义能够迅速而准确地理解并回应。相关案例如下。

👤 **提示词**

请告诉我明天长沙的天气预报。

通义

根据最新的天气预报信息，明天长沙的天气预报如下：

1. **湿度：** 66%
2. **最低温度：** 14.0 摄氏度
3. **最高温度：** 24.0 摄氏度
4. **夜间天气：** 多云
5. **夜间风向：** 西北风
6. **夜间风力：** 4 级
7. **白天天气：** 晴
8. **白天风向：** 西北风
9. **白天风力：** 3 级

这个提示词简洁明了，直接询问了用户最关心的信息"明天长沙的天气预报"，没有多余的描述或背景。这样的提示词直接指向目标，让通义能够快速响应。

通过遵循"简化提问"的策略，用户可以有效地提高与通义的沟通效率，确保自己的需求得到准确、快速的回应，同时，也能减少因误解或歧义而导致的错误和不必要的重复工作。

1.1.2　细化问题

在编写通义的提示词时，采用"细化问题"的策略至关重要，这意味着我们需要对问题进行细致的划分和明确的表述，以确保通义能够准确理解我们的意图，并给出符合预期的答案。相关案例如下。

提示词

我需要你为我生成一份关于"城市化进程对生态环境的影响"的研究报告，报告应包含引言、现状分析、影响评估、应对策略和未来展望 5 个部分，请确保报告中的数据准确、来源可靠，并附上参考文献。

通义

城市化进程对生态环境的影响研究报告

一、引言

随着全球人口的快速增长与经济活动的日益活跃，城市化已成为 21 世纪最显著的趋势之一。城市化是指人口从农村地区向城市迁移的过程，伴随着这一过程的是城市规模的扩张、基础设施建设的加速以及社会经济结构的变化。然而，快速的城市化进程给自然环境带来了前所未有的压力，空气污染、水资源短缺、生物多样性下降等问题日益突出。本报告旨在探讨城市化进程中生态环境面临的挑战及其潜在的解决方案。

二、现状分析

1. 城市扩张

近年来，全球多数国家和地区经历了不同程度的城市扩张。据联合国《世界城市化前景》报告显示，到 2050 年，全球近 70%的人口将居住在城市中……

专家提醒

由于篇幅原因，AI 工具回复的内容只展示要点，详细的回复内容，请看随书提供的完整效果文件。

"细化问题"的提示词策略主要是通过细化问题来减少误解，相较于"我需要你为我生成一份关于'城市化进程对生态环境的影响'的研究报告"这样简单直接的指令，使用上述提示词能更精确地引导通义，确保通义给出的回答更加准确、全面和符合期望。

1.1.3　指令式提问

采用"指令式提问"的提示词策略，能够显著提升通义的工作效率和回复结果的准确性。"指令式提问"策略强调在提问时直接给出明确的操作指令，让通义能够迅速理解并执行相应的任务。相关案例如下。

提示词

请根据我提供的关键词(区块链、智能合约、去中心化应用)，编写一段介绍这些技术在金融科技领域的重要性，不超过 200 字。

通义

在金融科技领域，区块链、智能合约与去中心化应用正引领着新一轮的创新浪潮。区块链作为分布式账本技术，确保了交易的透明性、安全性和不可篡改性，为金融行业提供了更加可靠的数据管理方案。智能合约基于区块链技术，能够自动执行合同条款，减少了中间环节，提高了效率并降低了成本。而去中心化应用则利用区块链和智能合约构建，提供了一个无须中心化机构即可运作的平台，这不仅增强了用户对个人资产的控制权，还促进了金融服务的普及与公平性。这三项技术的结合，正在重塑金融服务的未来，推动行业向更高效、更安全、更开放的方向发展。

在上述提示词中，首先，要求通义根据给定的关键词(区块链、智能合约、去中心化应用)进行创作，这种明确的提示词使得通义能够迅速理解任务的核心要求；其次，通过"编写一段介绍这些技术在金融科技领域的重要性"这一描述，进一步明确了创作的具体内容，即阐述这些技术在金融科技领域的重要性；最后，通过"不超过 200 字"的限制，设定了创作的字数范围，这一具体参数有助于通义在生成回复时更加精准地控制内容长度，避免冗长或过于简略。

1.1.4 引导示例

在编写通义的提示词时，采用"示例引导"策略是一种高效且有序的方法，它通过预设的范例来规范通义的输出格式和内容结构，确保结果的统一性和可预测性。同时，"示例引导"策略也为后续的内容管理和利用提供了便利，相关案例如下。

提示词

请按照以下模板生成市场调研报告。

项目概述：简述市场调研的背景、目的和重要性。

调研过程：

目标市场：定义目标市场的范围和特征。

调研方法：描述采用的调研技术和手段。

数据分析：概述收集到的数据及其分析结果。

市场洞察：基于数据分析提出市场趋势和消费者洞察。

问题与挑战：总结调研过程中遇到的主要障碍及解决策略。

总结与建议：对调研结果进行总结，并提出有针对性的市场策略与建议。

请确保报告内容翔实、条理清晰，并附上必要的数据表格和参考文献。

通义

市场调研报告

一、项目概述

随着全球经济环境的变化和技术的快速发展，××行业面临着前所未有的机遇与挑战。本次市场调研旨在深入了解当前××行业的市场状况、消费者需求变化以及竞争对手的情况，为公司的产品开发和市场战略提供科学依据。通过此次调研，我们期望能够把握市场脉搏，提前布局，以增强公司的竞争力。

二、调研过程

三、目标市场

1. 范围：本次调研主要针对中国的一线城市和部分二线城市，年龄在 18 至 45 岁的中高端消费群体。

......

这个提示词利用了一个范例模板来规范项目报告的输出结构，明确了报告应包含的主要部分和各部分的具体要求，从而有助于通义生成结构清晰、内容完整的市场调研报告。

1.1.5 整合式提问

采用"整合式提问"策略编写的提示词，可以显著提高通义的回复效果，因为它通过将多个相关问题整合到一个提示词中，从而减少了重复提问，有助于提高效率。相关案例如下。

提示词

请为我完成以下任务：

1. 收集近一个月内关于"大数据技术在金融行业的应用"的最新研究报告，并提炼出每篇报告的主要观点和结论。

2. 基于收集到的信息，分析大数据技术在金融行业的主要应用场景和潜在挑战。

3. 针对每个应用场景，提出至少两项改进建议，并简要说明其可行性及预期效果。

4. 最后，将上述内容整合成一篇 500 字左右的短文，用于企业内部交流，要求表述清晰、逻辑严密、重点突出。

通义

根据您的要求，以下是对"大数据技术在金融行业应用"的最新研究报告的提炼、分析及改进建议的总结：

1. 研究报告提炼

(1) 大数据在金融领域的应用与影响：大数据技术帮助金融机构提高风险管理效率，推动金融产品和服务创新，并提升监管效率。关键技术包括 Hadoop(分布式计算)和 Spark(分布式计算系统)，应用前景包括风险管理、投资决策、个性化服务和合规性检查。

……

4. 短文整合

在金融行业，大数据技术的应用日益广泛，尤其在风险管理和个性化服务领域。通过引入先进的机器学习算法和人工智能技术，金融机构能够更准确地预测风险并提供定制化的金融产品。然而，这也带来了效率和成本的挑战，以及对客户体验和数据治理的要求。为了提升风险管理能力，建议引入跨机构的数据共享机制，以便获得更全面的市场风险视图。在个性化服务方面，利用大数据分析和 AI 技术可以提升客户满意度和降低服务成本。这些改进措施将有助于金融机构在数字化转型中保持竞争力，同时提高整体的服务质量和效率。

在这个案例中，通过"整合式提问"策略，在单个提示词中综合了多个请求，包括信息收集、分析、建议提出和文章撰写等。这种方式不仅减少了重复提问的次数，还提高了通义处理任务的效率，从而更快地获得所需的结果。

在提问之前，用户可以先对需要通义完成的任务或回答的问题进行全面规划，识别出所有相关的子任务或子问题，并思考它们之间的逻辑关系，如先后顺序、依赖关系等。

然后将多个相关的子任务或子问题合并为一个整合的提示词。在合并时，要注意保持逻辑清晰，使用合适的连接词或标点符号来分隔不同的部分。可能的话，可以采用结构化格式来组织整合提示词。例如，使用列表、表格或分点的方式来呈现不同的请求或问题，这样可以使通义更容易理解和处理。

1.1.6　创新式探索

采用"创新式探索"策略编写的提示词，能够激发非传统的思考方式，鼓励通义生成独特、新颖的见解和解决方案。这种策略强调跳出常规框架，勇于尝试不同的方法和思路，以激发创意的火花。相关案例如下。

提示词

请运用你的创造力和想象力，结合未来主义与古代文明的元素，为我构思一个独特的故事背景。在这个设定中，先进的科技与失落的古老智慧相互交织，人类与远古守护者共同探索一个既神秘又充满机遇的宇宙。你的故事不必局限于传统的叙事框架，可以自由发挥，深入探讨时间、空间、意识与存在的深层联系。我期待一部既富有创意又能引发深思的作品，其中充满了未知的奥秘、激动人心的探险和对生命本质的哲学思考。

通义

在遥远的未来，地球已经不再是人类唯一的家园。随着科技的飞速发展，人类开始向宇宙深处进发，寻找新的居住地。在这个时代，人类不仅掌握了穿越星际的技术，还学会了如何利用量子力学与弦理论构建出超越时间和空间的通道——这些被称为"时界门"的发明，成为连接不同文明与时代的桥梁。

然而，在这一切辉煌的背后，隐藏着一个古老的秘密。传说中，存在着一群被称为"时之守护者"的人，他们是古老文明的后裔，拥有操控时间流的能力，并且掌握着一种名为"灵魂共鸣"的古老技艺，能够与宇宙中的万物进行深层次的交流。时之守护者的使命是保护宇宙平衡，防止任何一方力量过大而破坏整个宇宙的和谐。

故事发生在一个名为"艾尔达瑞亚"的星球上，这里曾经是一个高度发达的文明中心，但在一场未知的灾难后，这个文明几乎完全消失，只留下了一些遗迹和传说。随着时间的流逝，这些遗迹逐渐被沙尘覆盖，成为时间长河中的一段迷雾。

……

在这个案例中，通过设定开放式问题、引导非传统思维、结合跨界元素等方式，鼓励通义进行创新式探索。提示词中明确表达了希望通义打破常规、激发创意的意愿，并给出了具体的创作方向和要求。这种方式有助于通义生成独特、新颖的创意作品，满足用户的期待。

1.2　应用案例

AI 咨询，即利用人工智能技术提供的咨询服务。它能够快速处理大量数据，为用户提供精准且高效的建议。本节将精选 3 个典型案例，包括"家庭管理""旅行规划"和"购物娱乐"，旨在展示如何通过 AI 提升人们的日常生活与工作效率。

1.2.1　家庭管理

　　AI 咨询凭借其精准的数据分析能力、个性化的服务方案以及高效的决策支持，成为家庭管理中不可或缺的智囊团，从而充分发挥其提升家庭生活品质、优化资源配置和促进家庭和谐方面的重要作用。相关案例如下。

👤 提示词

　　我最近购买了一台小米智能音箱，但是对如何使用它还不是很清楚，请为我提供一份详细的使用说明，包括如何连接网络、如何与家中的其他智能设备联动等。

🔷 通义

以下是一份详细的小米智能音箱使用说明，涵盖了从基本设置到高级功能的使用方法：

一、基本设置

1. 连接电源

将小米智能音箱的电源线插入电源插座，确保音箱处于开机状态。通常，音箱开机后会有指示灯亮起。

2. 下载并安装米家应用

(1)　使用智能手机扫描音箱包装盒或说明书上的二维码，下载并安装"米家"应用程序。

(2)　安装完成后，使用小米账号登录米家应用。如果您还没有小米账号，可以注册一个新账号。

3. 连接网络

(1)　登录米家应用后，点击首页右上角的"＋"按钮，选择"添加设备"。

(2)　搜索并选择您的小米智能音箱型号，按照屏幕提示完成设备的网络连接设置。

(3)　一旦网络连接成功，音箱会发出语音提示，并且指示灯会变为蓝色或熄灭，表示已准备好使用。

……

> **专家提醒**
>
> 　　需要注意的是，由于设备版本的不同，AI 提供的使用说明不一定完全正确，用户可以将其作为参考。如果用户尝试后还是没能解决问题，请及时翻阅说明书或向官方客服进行咨询。

1.2.2　旅行规划

　　在旅行规划方面，AI 咨询以其精准、高效的特点，为用户提供了全方位的旅行规划服务。无论是推荐旅游目的地、设计旅行线路，还是获取目的地的天气信息，AI 都能根据用户的个性化需求和实际情况，提供量身定制的解决方案。在 AI 的帮助下，用户可以更加轻松、愉快地享受旅行的乐趣。相关案例如下。

提示词

请根据以下要求，为我推荐 5 个理想的春季旅行地点，并说明推荐理由。

要求：适合春天出游，能够体验到春意盎然的氛围；拥有独特的自然风光或历史名胜；当地特色美食丰富，消费水平适中。

通义

根据您的要求，这里为您推荐 5 个理想的春季旅行地点，这些地方不仅春意盎然，而且拥有独特的自然风光或历史名胜，同时当地的特色美食丰富，消费水平也比较适中。

1. 杭州西湖

推荐理由：春天的杭州西湖，湖光山色与绿柳新芽交相辉映，是观赏春花烂漫的最佳地点之一。漫步苏堤、白堤，感受"人在画中游"的意境。此外，杭州作为一座历史悠久的城市，有着丰富的文化遗产，如雷峰塔、灵隐寺等。杭州菜也是不可错过的，龙井虾仁、西湖醋鱼等地道美食让人回味无穷。

2. 云南大理

推荐理由：大理的春天温暖而舒适，洱海周边的油菜花盛开，形成一片金色的海洋，非常适合踏青赏花。古城内保存完好的白族建筑，让人感受到浓厚的历史文化气息。大理的美食以酸辣为主，如酸菜鱼、饵块等，既美味又独特。

……

1.2.3 购物娱乐

AI 咨询，凭借其强大的数据处理能力、精准的用户画像构建以及个性化的推荐算法，正在逐步重塑用户的消费习惯与娱乐体验。从推荐个性化商品和娱乐内容，到收集文化活动资讯，AI 咨询以其独特的智能优化，为人们带来了前所未有的便捷与乐趣。相关案例如下。

提示词

请根据以下要求，为我推荐 5 个合适的商品，并说明原因。

要求：我的同事要过生日了，她热爱户外活动、摄影和手工艺品；我去年送了她一款专业的相机包，今年希望送点不同的；我的预算是 800 元，礼物需要在 9 月 20 日前准备好；礼物不要太占空间，因为她办公室的储物空间有限。

通义

根据您的需求，我为您精选了 5 个适合您同事的礼物建议。考虑到她的兴趣爱好、去年收到的礼物、您的预算以及礼物的空间限制，这些建议应该能符合您的期望。

1. 便携式三脚架

(1) **价格：** 约 150～300 元。

(2) **特点：** 选择一个轻便且结实的三脚架，对于喜欢摄影的人来说非常实用。市面上有许多专为旅行设计的小型三脚架，不仅携带方便，而且占用空间小。

(3) **推荐理由：** 既满足了她对摄影的热爱，又不会占据太多空间，非常适合经常外出拍摄的摄影爱好者。

2. 户外多功能工具

……

第 2 章

文案创作：橙篇办公的高效应用

在日常工作中，高效的文案创作不仅是提升个人竞争力的关键，也是企业传播信息、吸引客户的重要手段。本章将深入探讨文案写作的精髓，从实用的写作技巧到具体的案例，帮助读者轻松驾驭各类文案创作。

　　橙篇是一款功能全面、操作便捷、算力充沛的智能写作工具，它不仅能帮助用户提升写作效率和质量，还能满足其在长文写作、资料搜索、文档总结、全文校正、多模态深度编辑、智能翻译等方面的多样化需求。首先，向大家介绍一下橙篇的首页组成，如图 2-1 所示，帮助大家快速了解橙篇的操作页面。

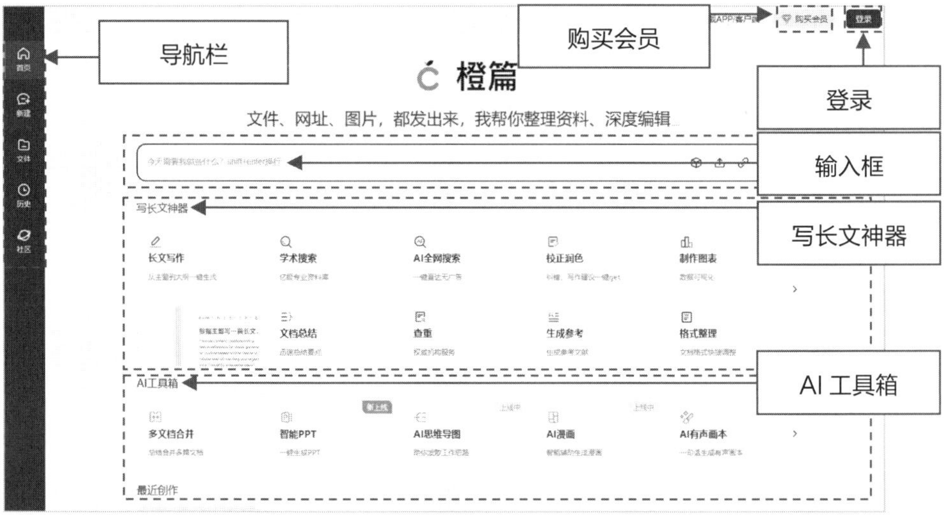

图 2-1　橙篇的首页组成

2.1　写作技巧

　　使用橙篇生成文案的质量与用户的提问方式密切相关，因此当用户对橙篇初次提供的文案不太满意时，可以采取一些技巧，引导其生成高效、符合预期的文案。本节将介绍一些写作技巧，帮助用户生成更优质的 AI 文案。

2.1.1　选定提示词

　　提示词，也可以称作指令，是橙篇进行回复、给出答案的依据。如果用户想让橙篇更有效地生成文案，可以提供文案的类型、特征和范围等作为提示词，发送给橙篇，让其根据提示词给出回复。

　　保持清晰、明确和简洁是编写有效提示词的关键，同时也要考虑整体逻辑性与生成目标的相关性。用户在编写提示词时，应该与需求紧密结合，选择合适的提示词，不同的提示词所获得的 AI 文案是有区别的。下面介绍具体的操作方法。

　　STEP 01 在橙篇的输入框中输入并发送比较宽泛的提示词，相关的提示词和回复内容如下。

提示词

请写出 5 个科技产品的宣传文案。

橙篇

当然，以下是针对 5 个不同科技产品的宣传文案，旨在突出各自的特点与优势：

1. 智能穿戴健康监测手环

【健康守护，智在手腕——智能穿戴健康监测手环】在繁忙的生活节奏中，健康成为我们最宝贵的财富。智能穿戴健康监测手环，24 小时贴心陪伴，精准监测心率、血压、血氧及睡眠质量，让健康管理触手可及。智能提醒运动、久坐、饮水，全方位守护您的健康生活。时尚轻盈的设计，无论是工作还是运动，都能完美融入您的日常，让健康与时尚同行。

2. 高清智能投影仪

【大屏视界，智享未来——高清智能投影仪】告别小屏束缚，拥抱影院级视觉盛宴！高清智能投影仪，采用最新光学技术，投射出清晰细腻的画面，色彩饱满，对比度鲜明。内置智能系统，海量影视资源一触即达，支持语音操控，让观影更加便捷。小巧便携，无论是家庭聚会还是个人享受，都能轻松打造专属的私人影院，让每一刻的娱乐都充满惊喜。

……

STEP 02 在同一个聊天窗口中，发送比较具体的提示词，让橙篇生成更具体的回答。相关的提示词和回复内容如下。

提示词

请写出 5 个家用智能扫地机器人产品的宣传文案。

橙篇

当然，以下是针对 5 个不同家用智能扫地机器人产品的宣传文案，旨在突出它们各自的特色与优势：

1. 智能规划清扫，洁净生活尽在掌握——智净家扫地机器人

告别烦琐清扫，迎接智能生活新体验！智净家扫地机器人，搭载先进的激光导航系统，精准构建家居地图，智能规划清扫路径，高效覆盖每个角落。强力吸尘，细致擦地，双重清洁模式，满足不同需求。远程控制，一键启动，无论身在何处，洁净生活尽在您的掌握之中。

2. 超静音清扫，守护家的宁静——静谧行者扫地机器人

让清扫成为家的温柔呵护。静谧行者扫地机器人，采用低噪设计，运行时仅产生轻微声响，即使宝宝安睡，宠物小憩，也能安静清扫，不打扰家的宁静。智能避障，灵活穿梭于家具之间，避免碰撞，细心呵护家中每一件物品。一键预约清扫，轻松享受干净舒适的居家环境。

……

2.1.2　设置条件

如果用户在橙篇的提示词中已经说明了主题，但依然没有得到理想的文案时，可以进一步细化对主题的描述，多设置一些限制性条件。下面介绍具体的操作方法。

STEP 01 在橙篇的输入框中输入并发送主题为电冰箱产品推广文案的提示词，相关的提示词和回复内容如下。

👤 提示词

请提供两条电冰箱的产品推广文案。

Ć 橙篇

当然，以下是两条针对电冰箱的产品推广文案，分别侧重于不同的卖点：

文案一：智能保鲜，尽享健康生活

在这个快节奏的时代，健康已成为我们最珍贵的财富。而我们的智能电冰箱，正是您家庭健康生活的守护者。它采用先进的智能温控技术，精准调节每一度，确保食材一直处于最佳保鲜状态。无论是新鲜果蔬还是肉类海鲜，都能保持原汁原味，营养不流失。

不仅如此，我们的电冰箱还搭载了智能识别系统，能够自动识别并分类存储食材，让您一目了然，轻松管理家中食物。通过手机 App，您可以随时随地查看冰箱内食材的情况，智能提醒购买和食用，让您的生活更加便捷、高效。

选择我们的智能电冰箱，让健康生活触手可及。让我们一起尽享智能带来的美好与便捷吧！

文案二：节能环保，打造绿色家居

……

STEP 02 设置限定条件，让橙篇根据新的提示词生成回复。相关的提示词和回复内容如下。

👤 提示词

请以年轻妈妈为目标用户，提供两条电冰箱的产品推广文案。

Ć 橙篇

当然，针对年轻妈妈这一目标用户群体，以下是两条专门定制的电冰箱产品推广文案：

文案一：母婴专属，守护健康每一刻

作为一位年轻妈妈，您总是希望给宝宝最好的呵护。我们的电冰箱专为母婴设计，致力于守护您和宝宝的健康。采用先进的母婴保鲜技术，为宝宝的食物和辅食提供最佳保存环境，确保营养不流失，口感如初。

大容量独立空间，方便您分类存储宝宝的食材和用品，让每一次取用都变得轻松便捷。智能温控系统，精准调节温度，让每一份食材都处于最佳状态，满足您和宝宝的不同需求。

更有贴心的母婴模式，一键开启，为您和宝宝打造专属的健康生活空间。选择我们的母婴专属电冰箱，让母爱更加细腻，让健康伴随宝宝成长的每一步。

……

STEP 03 在提示词中再次设置限定条件，让橙篇再次根据新的提示词生成文案。相关的提示词和回复内容如下。

提示词

请以年轻妈妈为目标用户，提供两条电冰箱的产品推广文案，要求突出产品的亮点、有吸引力。

橙篇

当然，针对年轻妈妈这一目标用户群体，以下是两条突出产品亮点、具有吸引力的电冰箱产品推广文案：

文案一：母婴保鲜专家，爱的味道永留存

母婴保鲜专家，只为您和宝宝的健康

亲爱的年轻妈妈，您是否曾担心过宝宝的辅食和母乳保存问题？我们的电冰箱采用专利母婴保鲜技术，精准调控温度与湿度，确保每一滴母乳、每一份辅食都保留最初的营养与口感。特有的抗菌除味功能，为宝宝打造纯净、健康的饮食环境，让爱的味道永留存。

大容量独立空间，轻松管理食材

忙碌的育儿生活中，分类存储食材尤为重要。我们为您设计了宽敞独立的母婴食材区，能够轻松区分宝宝辅食、母乳与成人食材，让取用更加便捷。智能触控面板，让您轻松设置专属温度，为宝宝的食物提供最佳保存条件。

选择我们，让母婴生活更加美好

选择我们的母婴保鲜电冰箱，就是选择了一份对宝宝的承诺和对自己的关爱。让我们一起守护宝宝健康成长，让母爱的味道永存心间。

……

2.1.3　添加关键词

关键词是指生成文章中需要包含的字词。在提示词中加入关键词，可以帮助橙篇更快地提取到恰当的文本数据，从而生成更有效的答案。相关案例如下。

提示词

请根据关键词生成一篇短篇小说，字数不超过 600 字。

关键词：迷雾、古老森林、神秘脚印

橙篇

迷雾中的古老森林

在那片被岁月遗忘的古老森林里，终年笼罩着一层不散的迷雾。树木高耸入云，枝叶繁茂，仿佛每一片叶子都承载着千年的秘密。阳光偶尔穿透雾霭，斑驳地照在地上，给这片幽深的森林增添了几分神秘。

杰克是一位热爱探险的年轻人，对未知的世界充满好奇。一天，他带着地图和指南针，踏入了这片传说中的古老森林。初入森林，他还觉得一切新奇有趣，但随着迷雾越来越浓，他的心中不禁升起一丝不安。

就在这时，杰克突然发现前方的泥地上有一串神秘的脚印。这些脚印深深地嵌在泥土中，大小不一，形状奇特，显然不属于他所知的任何一种生物。他心跳加速，好奇心驱使他沿着脚印的方向走去。

……

2.1.4 套用模板

当用户需要橙篇生成特定的内容时，可以套用"你的角色【专业领域】+你的能力【成果期待】+我希望你【任务需求】"这一固定提示词模板，让橙篇生成想要的文案。相关案例如下。

👤 **提示词**

你的角色是一位家居设计师，你拥有卓越的创意思维和美学鉴赏力，能够设计出符合现代家庭生活方式的家居产品。现在我希望你以北欧风格的多功能沙发床为主题写一篇小红书笔记，分享这款家具的设计理念、使用体验和个人感受，要求300字左右。

Č **橙篇**

北欧风情，多功能沙发，解锁家居新风尚！

亲们，今天给大家种草一款超有范儿的北欧风多功能沙发床！

在设计理念上，它完美融合了简约美学与实用主义，线条流畅，色彩淡雅，仿佛北欧森林中的一缕清风，让人一见倾心。

使用体验？简直不要太棒！白天，它是客厅的颜值担当，坐感舒适，朋友聚会都夸好。晚上，轻松变身温馨大床，柔软床垫，一夜好眠到天亮。

个人感受？这款沙发床简直就是小户型的福音！既节省了空间，又满足了多样化的生活需求。每次看到它，都让我觉得家更加温馨、更有格调了。

快来拥抱这份北欧风情，让你的家居生活也变得更加灵活多变吧！

#北欧风##多功能沙发床##家居美学#

2.2 应用案例

本节通过"公文写作""文学作品"和"自媒体文案"3个实际案例，简明扼要地展示橙篇如何在文案创作中发挥其高效性，助力创意写作。这些案例将帮助用户理解橙篇在不同文案类型中的应用，以及如何利用它提升工作效率。

2.2.1　公文写作

公文是指行政机关、社会团体、企事业单位在行政管理活动或处理公务活动中产生的，按照严格的、法定的生效程序和规范的格式制定的具有传递信息和记录作用的载体。它具有特定格式、规范用语和法定效力，是处理公务的重要工具。

在利用 AI 进行公文写作时，用户必须按照相应的格式来拟写公文的标题、主送机关、导语、发文字号等内容。除了这些既定的格式模板外，用户最需要的是认真引导 AI 构思公文的正文部分。相关案例如下。

提示词

我需要你帮我写一篇报告，请根据步骤来完成任务：

步骤一：阅读和了解"报告的格式和要点"

步骤二：了解"报告的写作背景"

步骤三：根据"写作要求"完成报告的写作

"报告的格式和要点"：

报告主要包括标题、主送机关、正文和落款 4 部分。

1. 标题：分为"发文机关 + 事由 + 文种"和"事由 + 文种"两种形式。

2. 主送机关：一般只标注一个直接上级机关。

3. 正文：由开头、主体和结尾 3 部分组成。

(1) 开头：对报告的目的、根据或意义进行说明。

(2) 主体：针对某一事项做出报告，主要包括 3 个方面的内容，即具体事项、针对事项的分析以及最后得出的结论。当汇报的内容较多且复杂时，可以用分条列项或小标题的形式来安排结构，并在逻辑上按从主到次的顺序排列……

专家提醒

由于篇幅原因，提示词只展示一部分要点，完整的提示词，请看随书提供的提示词文档。

橙篇

A 市生态环境局关于 2025 年环保工作进展情况的报告

主送机关：×省生态环境厅

一、引言

随着国家对环境保护工作的日益重视，A 市生态环境局在 2025 年积极响应国家号召，全面推动环保工作深入发展。现将我局 2025 年环保工作进展情况汇报如下：

二、主要成就

1. 环境治理政策体系更加完善：我们修订和完善了一系列环保政策，确保各项环保工作有法可依、有章可循。

2. 环境污染治理责任更加明确：通过明确各级政府和企业的环保责任，我们有效地推动了环境污染治理工作的落实。

3. 环境质量改善工作基础更加扎实：加大环境监测力度，提高数据准确性，为环境质量改善提供了有力支撑。

4. 环保法律法规执行力度进一步加大：对违法排污行为进行了严厉打击，有效地维护了环保法律法规的严肃性。

三、面临挑战

1. 国家对环境保护提出的更高标准：随着国家对环保要求的不断提高，我们需要不断提升环保工作水平，以适应新的标准。

……

2.2.2　文学作品

文学作品是指以语言为工具，以文字为形式，通过对生活、社会、自然和人性的思考，形象地反映生活，表达作者对人生、社会的认识和情感，以唤起人的美感，给人以艺术享受的著作。

在利用 AI 进行文学作品的创作时，用户首先需要确定作品的体裁、风格和基调；其次为 AI 提供具体、明晰的提示词，内容可以包括文学作品的背景描述、人物设定、故事情节等，以便 AI 能理解你的想法和意图，从而更好地进行创作。相关案例如下。

提示词

请根据下面的内容，创作一篇以古代寻宝为主题的小说，要求带有神秘探险色彩，字数在 800 字以内：

在古老的历史长河中，有一个被遗忘的王国——翡翠谷。据说这里曾是古代智者的圣地，蕴藏着能够实现愿望的神秘宝藏。数百年间，尽管有许多勇敢的探险家尝试揭开翡翠谷的面纱，但无人能归来。直到某日，年轻的学者赵云，在整理家族遗留的古籍时，意外地发现了一张指引通往翡翠谷的古老羊皮纸。赵云决定追寻先人的足迹，与一群同样渴望真相的伙伴们，共同开启了寻找翡翠谷的神秘之旅……

橙篇

翡翠谷寻宝记

在古老的历史长河中，有一个被遗忘的王国——翡翠谷。它隐藏在云雾缭绕的群山之间，宛如一颗遗落的翡翠，散发着诱人的光芒。据说，这里曾是古代智者的圣地，蕴藏着能够实现愿望的神秘宝藏。然而，数百年间，尽管有无数勇敢的探险家试图揭开翡翠谷的面纱，却无一能归来，这使得它更添几分神秘色彩。

赵云，一个年轻的学者，自幼便对家族的历史充满好奇。某日，在整理家族遗留的古籍时，他的目光被一张泛黄的羊皮纸所吸引。那张羊皮纸仿佛承载着千年的时光，上面用古老的文字记载着一条通往翡翠谷的秘密路径。赵云的心中涌起一股难以言喻的激动，他决定追寻先人的足迹，揭开翡翠谷的神秘面纱。

为了完成这一壮举，赵云召集了一群同样渴望真相的伙伴。他们中有身经百战的探险家、精通机关术的工匠，以及拥有敏锐直觉的女巫。每个人心中都怀揣着对未知的渴望和对宝藏的向往，共同踏上了寻找翡翠谷的神秘之旅。

他们穿越了茫茫的沙漠，攀过了险峻的山峰，历经千辛万苦，终于来到了羊皮纸上所描述的入口。那是一个被茂密森林遮掩的隐秘洞穴，洞口布满了古老的符文，闪烁着诡异的光芒。赵云深吸一口气，带领伙伴们小心翼翼地踏入了洞穴。

......

2.2.3　自媒体文案

自媒体文案是指个人或小型团队通过自媒体平台(如微信公众号、微博、抖音、快手、小红书、B 站等)发布的，旨在推广、营销、传播信息或表达观点的文本内容。写一篇自媒体文案需要经过选题、撰写大纲、初稿撰写、修改完善和定稿等环节，用户往往会花费大量的时间和精力，而在 AI 的帮助下，用户可以获得更多的选题灵感，从而提高写文案的效率。相关案例如下。

提示词

假设你是知乎平台上一位知名的专栏作家，专注于心理健康领域，请用科普性文章的方式，对以下问题进行解答。

问题：在日常生活中，冥想有哪些心理益处？在实践时需要注意什么？

橙篇

冥想：心灵的静谧之旅及其实践指南

在快节奏的现代生活中，我们时常感到压力很大，情绪波动频繁，而冥想作为一种古老而有效的心理练习，正逐渐受到越来越多人的青睐。它不仅能够帮助我们调节心理状态，还能带来诸多心理益处。那么，冥想究竟有哪些心理益处？实践时又需要注意什么呢？接下来，让我们一起探索冥想的奥秘。

冥想的心理益处

1. 减少负面情绪： 冥想如同一剂心灵的解药，能够帮助我们有效地缓解工作和生活中的压力，减少焦虑、抑郁等负面情绪。通过专注和放松，我们能够舒展因紧张情绪而扭曲的心理状态，恢复内心的平静与和谐。

2. 改善睡眠质量： 冥想不仅能够使我们的身体得到放松，还能促进心灵的宁静，从而有助于改善睡眠质量。对于长期失眠或存在睡眠障碍的人群来说，冥想无疑是一种值得尝试的辅助疗法。

3. 提高专注力与记忆力： 冥想通过训练注意力集中，能够增强我们的专注力与记忆力。这对于提高工作和学习效率、延缓大脑衰退具有重要意义。

......

第 3 章

文档处理：百度文库办公的高效应用

　　在当今快节奏的工作环境中，文档处理已成为办公不可或缺的一部分。本章将为您揭示如何利用百度文库这一强大工具，大幅度提升文档处理的效率与质量。

百度文库作为百度公司推出的一站式 AI 内容获取和创作平台，其功能不断完善，已经发展成为中国领先的在线文档和知识服务平台。首先，向大家介绍一下百度文库的首页组成，如图 3-1 所示，帮助大家快速了解百度文库的操作页面。

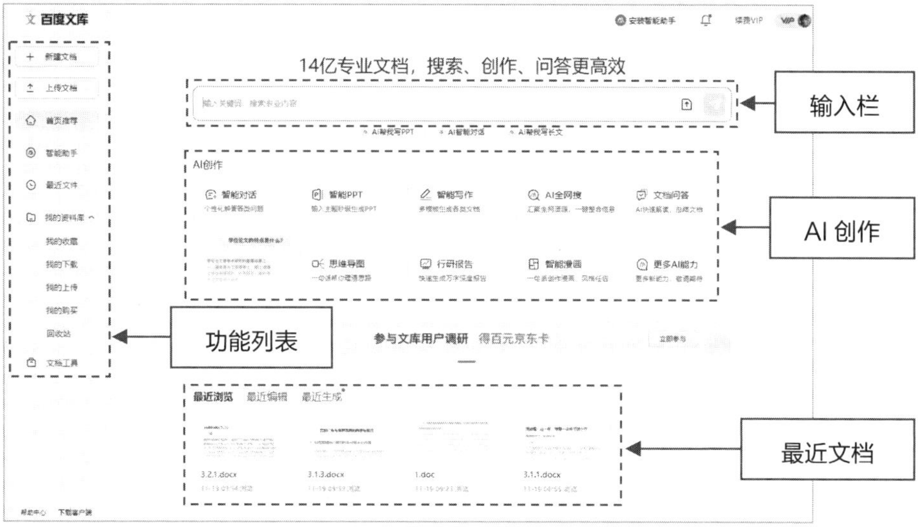

图 3-1　百度文库的首页组成

3.1　处理技巧

在文档处理的广阔天地里，掌握高效的处理技巧是提升工作效率的关键。本节将深入探讨百度文库文档处理的 3 个实用 AI 技巧，帮助读者在处理文档工作时更加得心应手，实现高效率与专业化的双重飞跃。

3.1.1　文本生成与编辑

百度文库中的文本种类繁多，涵盖各行各业的知识和案例，用户可以使用 AI 模板功能一键生成个性化的文本，并在此基础上根据自己的需求进行编辑。具体操作步骤如下。

STEP 01 打开百度文库首页，在左上角位置单击"新建文档"按钮；在弹出的列表框中选择"选择模板创建"|"演讲稿"选项，如图 3-2 所示。

STEP 02 进入"演讲稿"页面，通过输入相关提示词可以自动生成演讲稿的内容。在文本框的下方显示了相关示例，如图 3-3 所示，用户可以参考示例编写演讲稿的提示词。

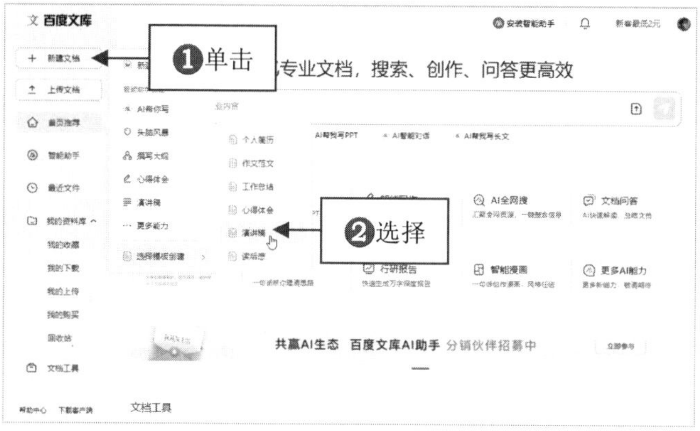

图 3-2 选择"演讲稿"选项

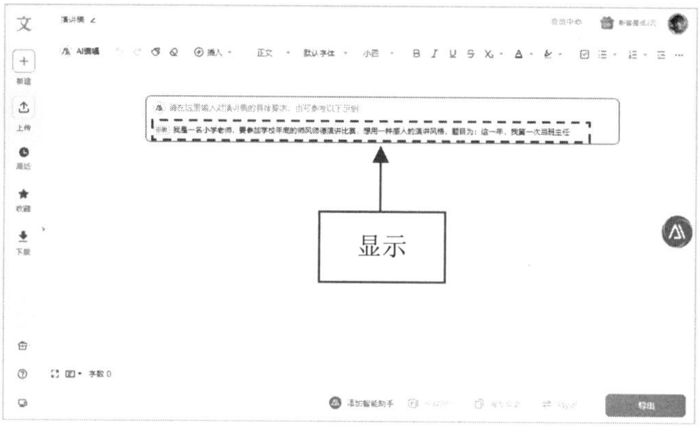

图 3-3 显示相关示例

STEP 03 在文本框中输入相应提示词，如图 3-4 所示，指导 AI 生成特定的演讲稿。

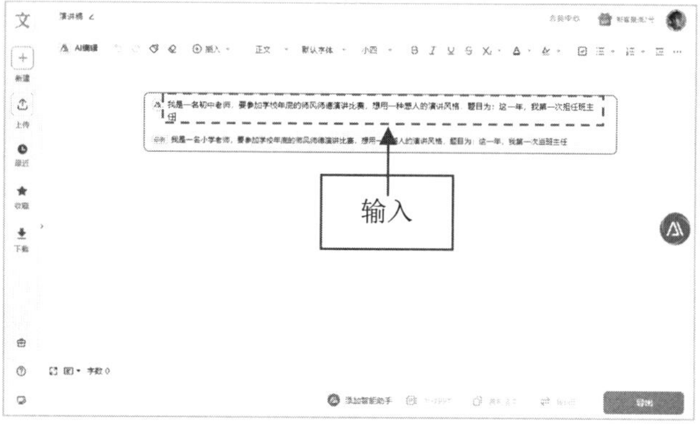

图 3-4 输入相应提示词

STEP 04 按 Enter 键确认，即可让 AI 自动生成一篇符合要求的演讲稿。单击"插入"按钮，将演讲稿插入文档中，如图 3-5 所示。

图 3-5　将演讲稿插入文档中

STEP 05 单击下方的"导出"按钮，如图 3-6 所示，即可导出演讲稿。

图 3-6　单击"导出"按钮

3.1.2　自定义主题

　　在百度文库中，用户不仅可以使用 AI 模板一键生成个性化文档，还可以自定义文档的主题，生成符合要求的办公文档。具体操作步骤如下。

　　STEP 01 打开百度文库首页，在页面左侧的功能列表中单击"智能助手"按钮，如图 3-7 所示。

　　STEP 02 执行操作后，进入"文库智能助手"页面，在下方的输入框中输入文档的主题，这里输入"劳动合同"；单击"发送"按钮🔷，如图 3-8 所示。

图 3-7　单击"智能助手"按钮

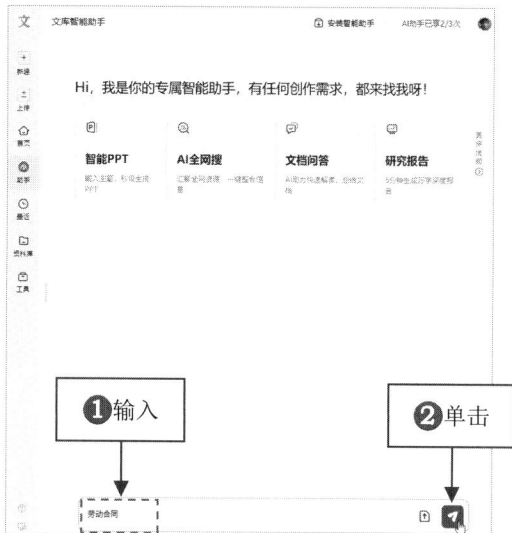

图 3-8　单击"发送"按钮

STEP 03 执行操作后，即可生成一份"劳动合同"文档，在页面中可以查看生成的文档内容，如图 3-9 所示。

STEP 04 滚动鼠标滚轮，定位到文档的结束位置，单击下方的"下载"按钮，如图 3-10 所示，即可下载"劳动合同"文档。

图 3-9　查看生成的文档内容

图 3-10　单击"下载"按钮

专家提醒

这里需要用户特别注意的是，只有您成功开通了百度文库的会员功能，并且确保您的账户处于正常激活的状态，才可以顺利且完整地导出"文库智能助手"页面中经过智能处理并且自动生成的文档内容。

3.1.3　多文档合成

在日常工作中，有时候我们需要处理大量的文档，可能需要从多个来源集信息并整合到一个文档中。传统方式需要手动复制粘贴，既费时又容易出错，而百度文库中的"文档合成"功能可以自动完成这一过程，大大提高了工作效率。

下面介绍使用"文档合成"功能整合 AI 推广营销书籍内容的操作方法。

STEP 01 打开百度文库首页，在左上角位置单击"上传文档"按钮；在弹出的列表框中选择"上传至资料库"选项，如图 3-11 所示。

STEP 02 弹出相应的对话框，单击"上传文档"按钮，如图 3-12 所示。

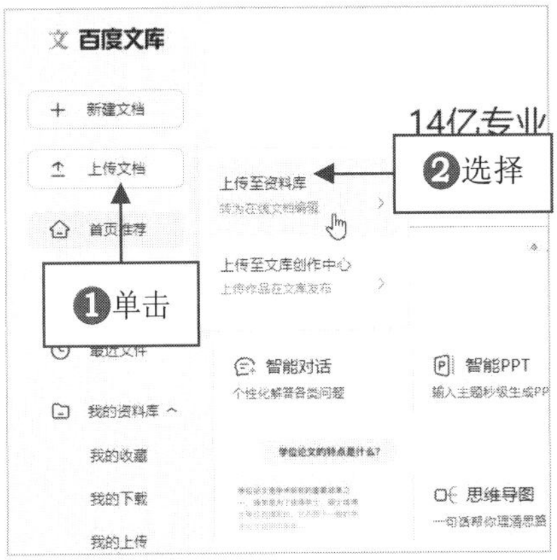

图 3-11　选择"上传至资料库"选项

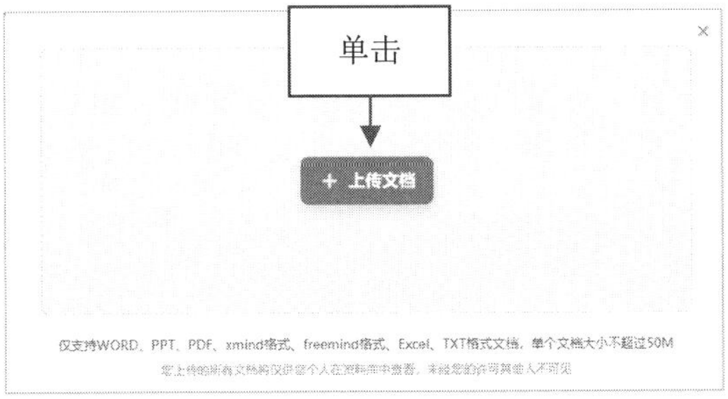

图 3-12　单击"上传文档"按钮

STEP 03 弹出"打开"对话框，在其中选择需要上传的文档，如图 3-13 所示。

STEP 04 单击"打开"按钮，即可上传文档。因为用户一次只能上传一个文档，所以需要参照上述相同的方法，分别上传两个 Word 文档。上传的文档会全部显示在"我的上传"页面中，如图 3-14 所示。

STEP 05 单击功能列表中的"智能助手"按钮，进入"文库智能助手"页面，在"全部技能"选项区中选择"文档合成"选项，如图 3-15 所示。

STEP 06 执行操作后，弹出"文档合成"对话框，单击"合成 Word"按钮，如图 3-16 所示。

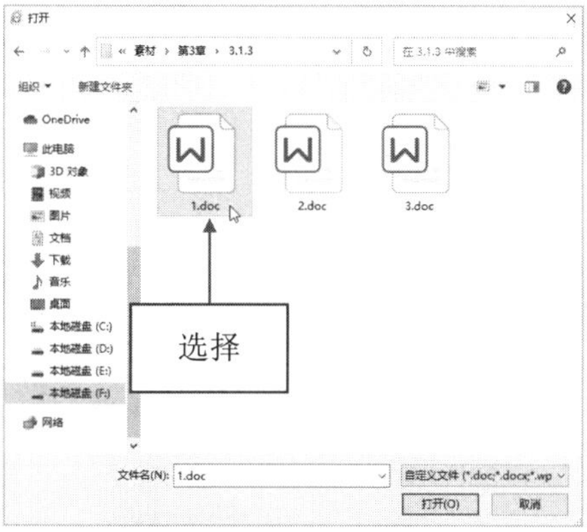

图 3-13　选择需要上传的文档

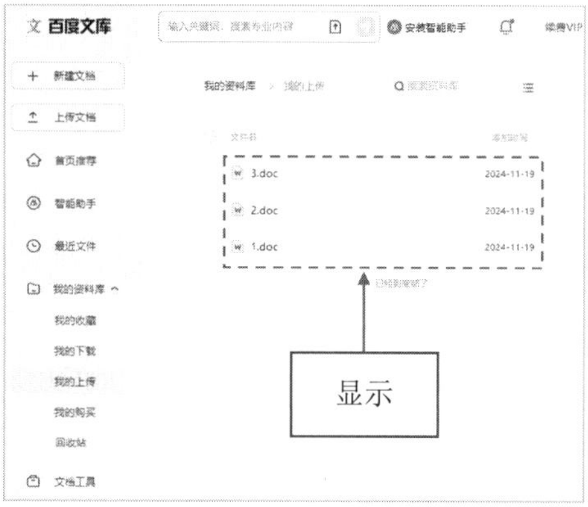

图 3-14　文档显示在"我的上传"页面中

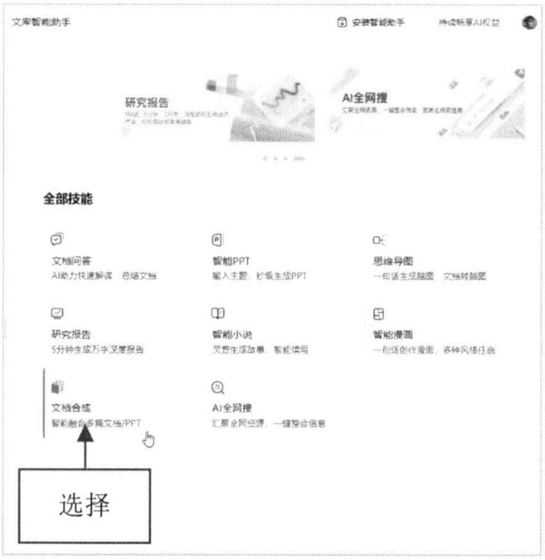

图 3-15　选择"文档合成"选项

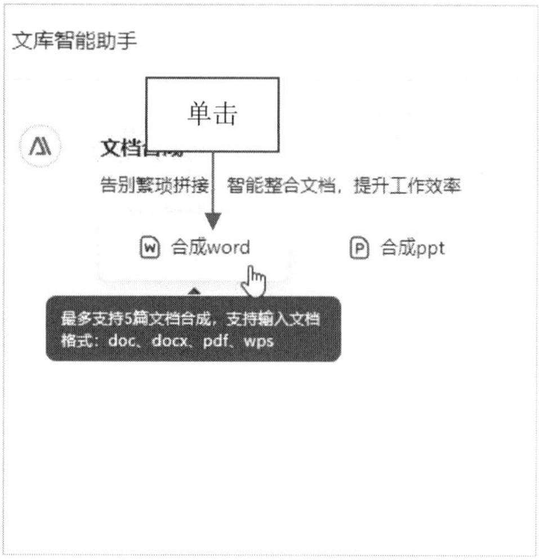

图 3-16　单击"合成 Word"按钮

STEP 07 弹出"选择文库文档"对话框，在"资料库"选项卡中依次选中多个需要合成的 Word 文档；单击"确认"按钮，如图 3-17 所示。

STEP 08 执行操作后，在"文库智能助手"页面中将获得 AI 整合的 Word 文档，单击"编辑"按钮，如图 3-18 所示。

STEP 09 执行操作后，进入相应页面，其中显示了整合后的 AI 推广营销书籍内容，如图 3-19 所示。单击"导出"按钮，导出文档内容。

图 3-17　单击"确认"按钮

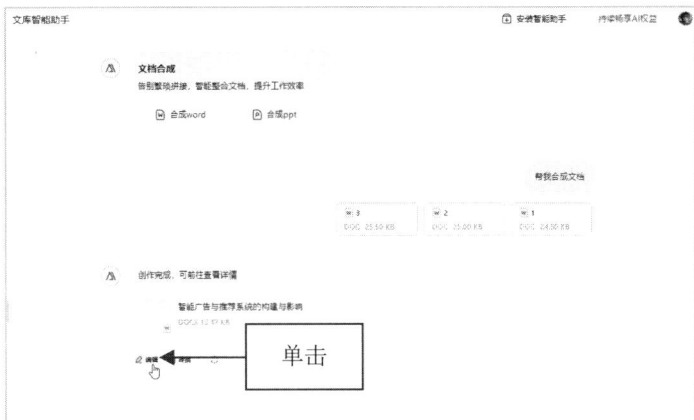

图 3-18　单击"编辑"按钮

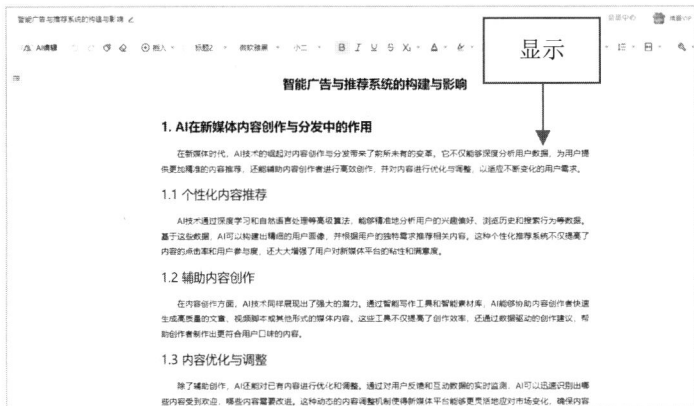

图 3-19　显示整合后的 AI 推广营销书籍内容

3.2　应 用 案 例

　　探索百度文库在文档处理领域的高效应用时，应用案例能为我们提供生动实用的实例。本节通过"工作总结"和"个人简历"这两个典型场景，帮助用户熟练使用百度文库，助力文档编写的提升，从而提高工作效率。

3.2.1　工作总结

　　工作总结是一种对过去一段时间内的工作进行系统性回顾、分析和总结的书面材料。撰写工作总结时，应确保内容真实、客观、具体，并注重逻辑性和条理性。AI可以帮助我们做工作总结，极大地提升了办公效率。下面介绍生成工作总结的方法。

　　STEP 01　打开百度文库首页，在左上角位置单击"新建文档"按钮；在弹出的列表框中选择"选择模板创建"|"工作总结"选项，如图 3-20 所示。

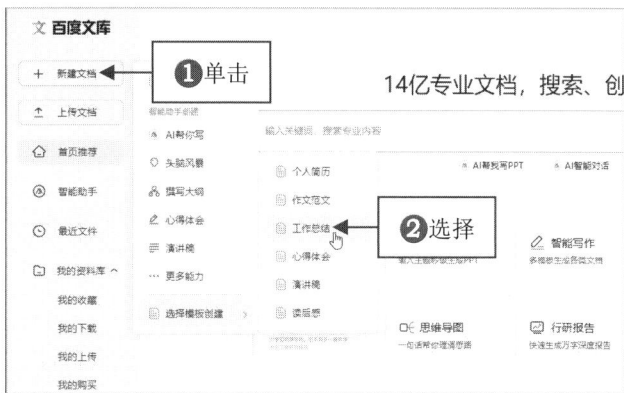

图 3-20　选择"工作总结"选项

　　STEP 02　进入"工作总结"页面，通过输入相关提示词可以自动生成工作总结的内容。在文本框的下方显示了相关示例，如图 3-21 所示，用户可以参考示例编写工作总结的提示词。

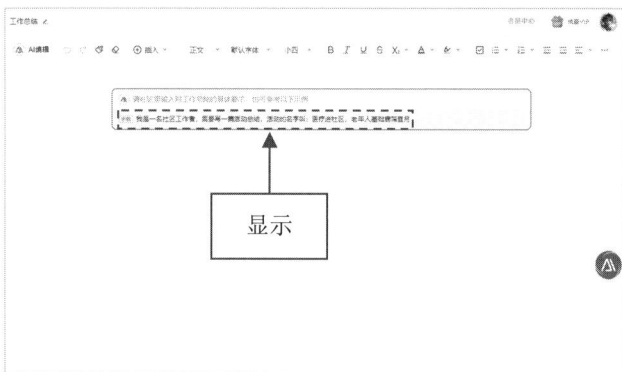

图 3-21　显示相关示例

　　STEP 03　在文本框中输入相应提示词，如图 3-22 所示，指导 AI 生成工作总结。

图 3-22　输入相应提示词

STEP 04 按 Enter 键确认，即可通过 AI 自动生成一篇符合要求的工作总结。单击
"插入"按钮，将工作总结插入文档中，如图 3-23 所示。

STEP 05 单击下方的"导出"按钮，如图 3-24 所示，即可导出工作总结。

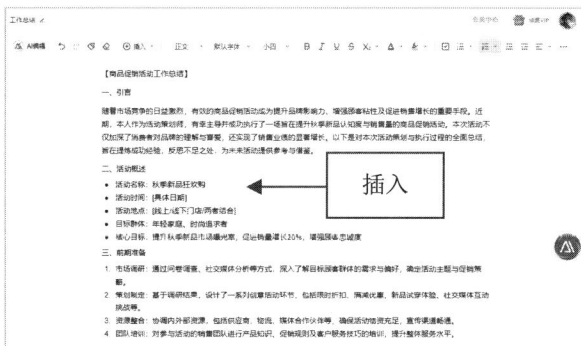

图 3-23　将工作总结插入文档中

图 3-24　单击"导出"按钮

3.2.2　个人简历

个人简历是求职者向用人单位介绍自己、推销自己的敲门砖。百度文库可以根据用户输入的主题生成符合要求的个人简历文档，具体操作步骤如下。

STEP 01 打开百度文库首页，在页面左侧的功能列表中，单击"智能助手"按钮，如图 3-25 所示。

图 3-25　单击"智能助手"按钮

STEP 02 执行操作后，进入"文库智能助手"页面，在下方的输入框中输入文档的主题，这里输入"个人简历"；单击发送按钮 ，如图 3-26 所示。

图 3-26　单击"发送"按钮

STEP 03 执行操作后，即可生成一份"个人简历"文档，在页面中可以查看生成的文档内容，如图 3-27 所示。

STEP 04 滚动鼠标滚轮，定位到文档的结束位置，单击下方的"下载"按钮，如图 3-28 所示，即可下载"个人简历"文档。

图 3-27　查看生成的文档内容

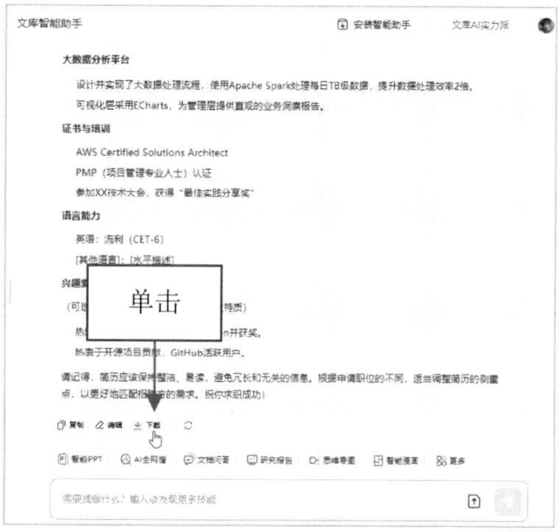

图 3-28　单击"下载"按钮

第 4 章

表格制作：腾讯文档办公的高效应用

腾讯文档是一款集协作与高效于一体的在线编辑平台，其表格制作功能尤为出色。本章将深入探讨表格制作的 AI 技巧，从基础制作技巧到实际应用案例，全面展示腾讯文档在表格制作方面的卓越性能。

首先，向大家介绍一下腾讯文档的首页组成，如图 4-1 所示，帮助大家快速了解腾讯文档的操作页面。

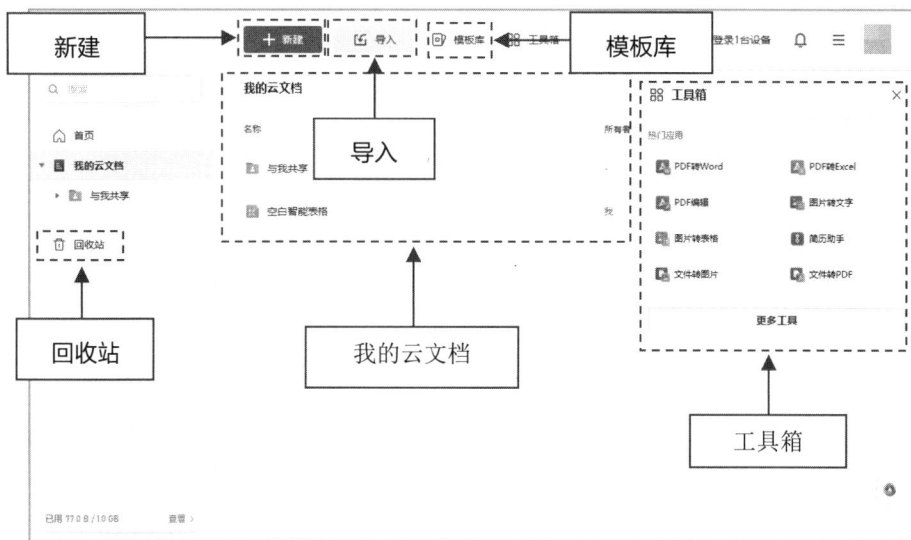

图 4-1　腾讯文档的首页组成

4.1　制　作　技　巧

在腾讯文档的高效办公应用中，表格制作无疑占据了举足轻重的地位。为了帮助大家更好地掌握这一技能，本节将详细阐述表格制作的关键技巧，帮助大家快速制作出专业且美观的表格。

4.1.1　创建表格

腾讯文档 AI 创建表格是一个简单且直观的过程，它凭借先进的人工智能技术，让用户能够瞬间生成结构化的表格，从而轻松地对数据进行有效组织、清晰展示以及深入分析。这一功能不仅提升了工作效率，还确保了数据的准确性和规范性，为用户带来极大的便捷。下面介绍使用腾讯文档生成员工信息表的方法。

STEP 01 进入腾讯文档首页，单击上方的"新建"按钮；在弹出的面板中单击"表格"按钮，如图 4-2 所示。

STEP 02 弹出"新建表格"对话框，单击"AI 生成表格"按钮，如图 4-3 所示。

STEP 03 在页面右侧弹出"AI 文档助手"面板，在下方输入相应的提示词"我的主题是：员工信息表"，指导 AI 生成特定的表格内容，如图 4-4 所示。

图 4-2 单击"表格"按钮

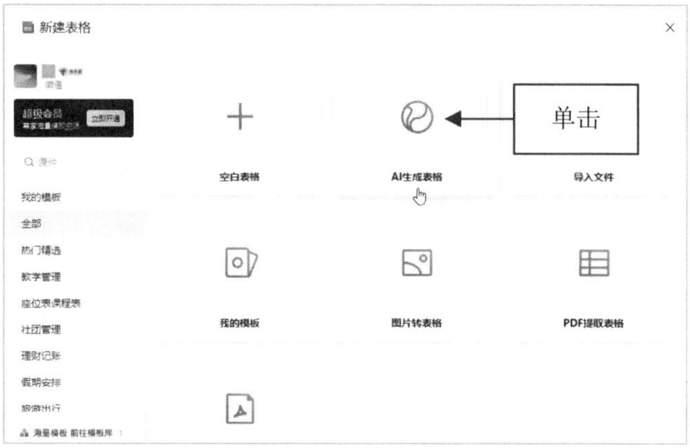

图 4-3 单击"AI 生成表格"缩略图

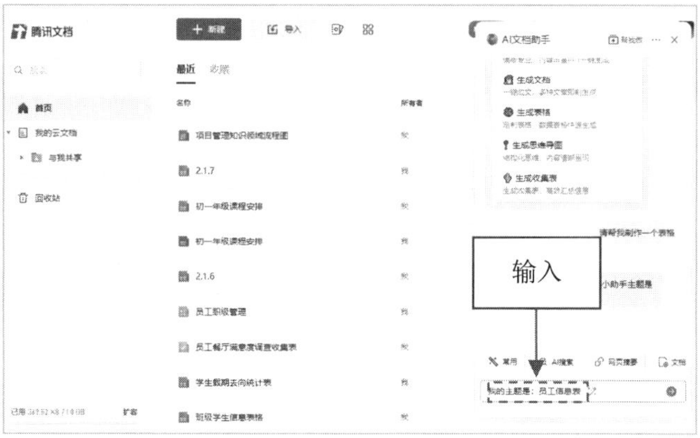

图 4-4 输入相应的提示词

STEP 04 单击右侧的"发送"按钮 ➜，稍等片刻，AI 即可生成相应的表格内容。单击"生成表格"按钮，如图 4-5 所示。

STEP 05 执行操作后，AI 即可生成 Excel 表格，并单击 Excel 表格，如图 4-6 所示。

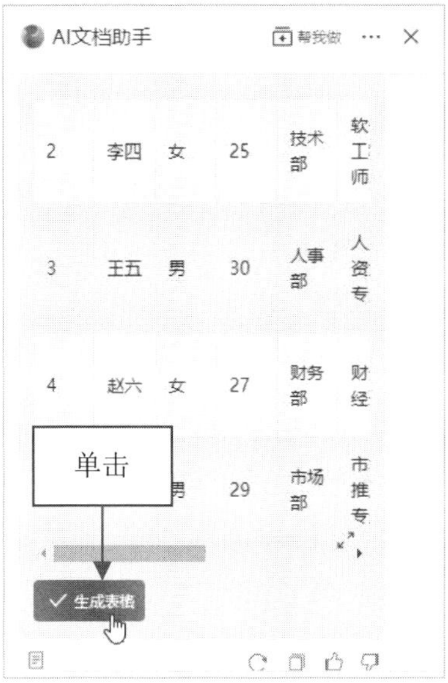

图 4-5 单击"生成表格"按钮

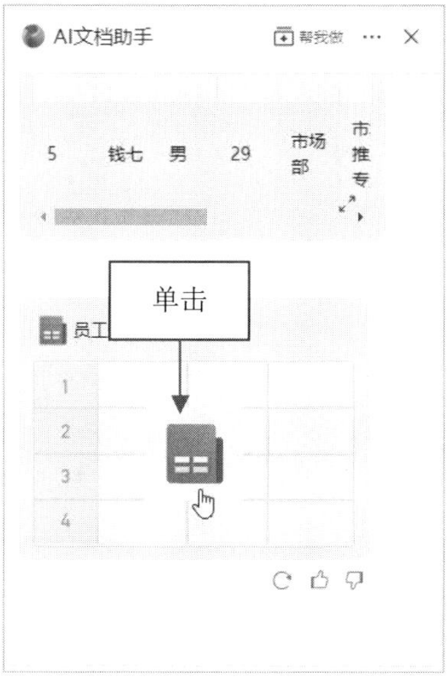

图 4-6 单击 Excel 表格

STEP 06 执行操作后，即可打开 Excel 表格，查看创建的表格内容，如图 4-7 所示。用户可以根据需要修改表格中的内容，如姓名、性别、年龄、部门、职位以及联系电话等，使表格内容更加符合要求。

图 4-7 查看创建的表格内容

4.1.2 编辑表格

AI 编辑表格的意义在于它极大地提升了表格处理的效率、准确性以及智能化水平，对于各行各业的数据管理和分析工作都带来了深远影响。通过减少人工干预，AI 显著缩短了表格处理的时间，使用户可以将更多精力投入到更高层次的数据分析和决策中。

下面介绍在腾讯文档中使用 AI 编辑表格数据内容的操作方法。

STEP 01 在上一例的基础上，选择 D 列单元格区域中的数据内容，如图 4-8 所示。

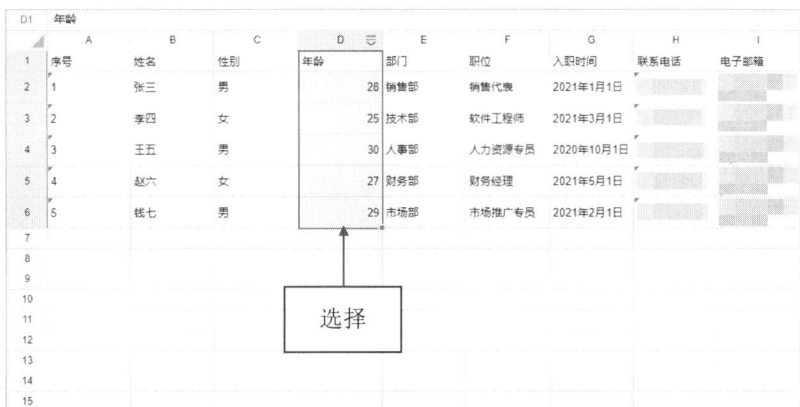

图 4-8 选择 D 列单元格区域中的数据内容

STEP 02 单击"数据"右侧的下三角按钮▼，在弹出的面板中，单击"排序"右侧的下三角按钮▼；在弹出的下拉菜单中选择"升序"选项，如图 4-9 所示。

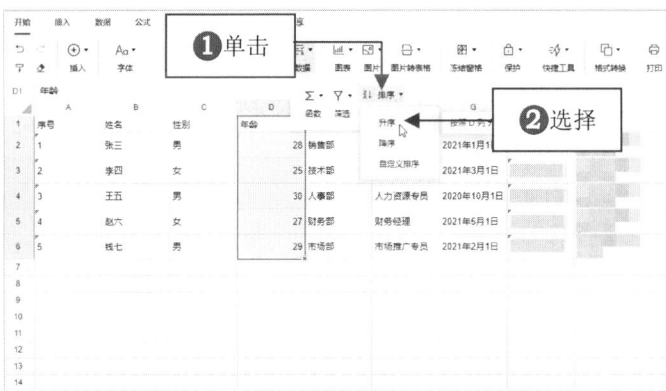

图 4-9 选择"升序"选项

STEP 03 执行操作后，弹出"排序范围提醒"对话框，单击"确定"按钮，如图 4-10 所示。

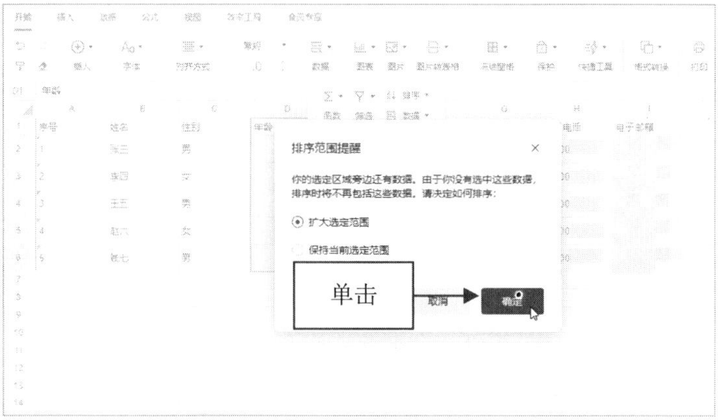

图 4-10 单击"确定"按钮

STEP 04 执行操作后，即可将表格中的数据按照从小到大的顺序进行排列，效果如图 4-11 所示。

图 4-11 将表格中的数据按照从小到大的顺序进行排列

4.1.3 模板应用

腾讯文档通过整合前沿的 AI 技术，为用户提供了丰富多样的 AI 模板库，进一步拓宽了表格创作的边界和应用场景。这些模板覆盖了多个领域和行业，包括项目管理、教育学习、市场营销、个人生活以及日常办公等，旨在帮助用户快速搭建起专业、美观且具有高度定制性的表格框架。

用户可以使用 AI 模板生成假期去向统计表，下面介绍具体的操作方法。

STEP 01 进入腾讯文档首页，单击上方的"新建"按钮，在弹出的面板中单击"表格"按钮，弹出"新建表格"对话框，在左侧的列表框中选择"假期安排"选项，切换至"假期安排"选项卡；在右侧找到"学生假期去向统计表"模板并单击"立即使用"按钮，如图 4-12 所示。

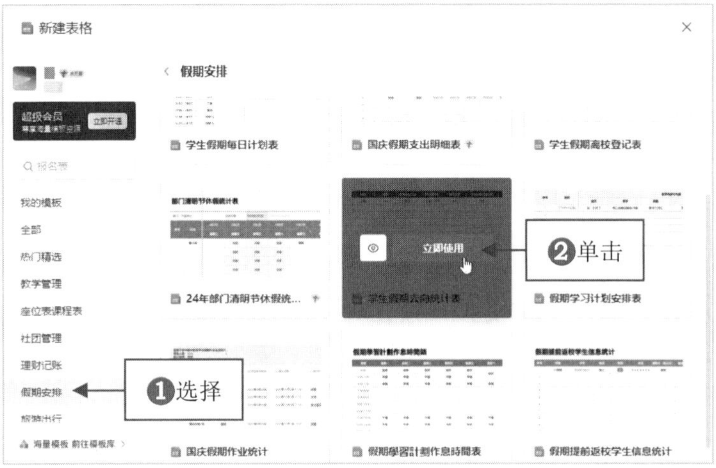

图 4-12　单击"立即使用"按钮

STEP 02 执行操作后，即可打开 Excel 表格，查看创建的"学生假期去向统计表"，如图 4-13 所示，用户可根据需要在表格中输入学生的信息。

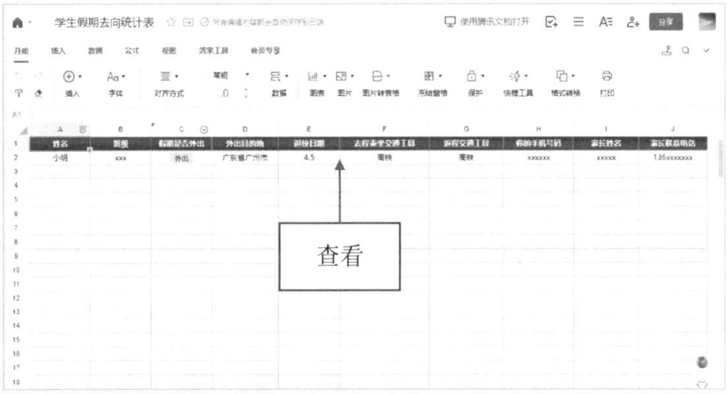

图 4-13　查看创建的"学生假期去向统计表"

STEP 03 在页面上方单击"文档操作"按钮 ≡；在弹出的列表框中选择"导出为"|"本地 Excel 表格"选项，如图 4-14 所示，即可导出 Excel 表格。

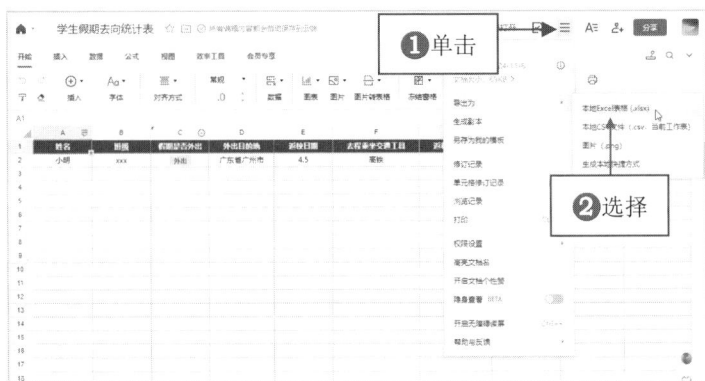

图 4-14 选择"本地 Excel 表格"选项

4.2 应 用 案 例

　　从"学生家庭信息表"的轻松创建与编辑，到数据排序的灵活应用，腾讯文档都展现出了极高的效率与便捷性。这些案例不仅能够帮助用户快速上手，还能让他们深刻体会到腾讯文档在提升办公效率方面的独特优势。

4.2.1 学生家庭信息表

　　学生家庭信息表是指一种用于收集和记录学生相关信息的文档表格。它有助于老师和学校了解学生的家庭背景和家长信息，从而建立有效的家校沟通渠道，制定更符合学生需求的教育策略和教学计划。腾讯文档可以帮助老师和学校行政人员快速生成学生家庭信息表。下面介绍使用腾讯文档生成学生家庭信息表的操作方法。

STEP 01　进入腾讯文档首页，单击上方的"新建"按钮；在弹出的面板中单击"表格"按钮，如图 4-15 所示。

图 4-15 单击"表格"按钮

STEP 02 弹出"新建表格"对话框，单击"AI 生成表格"按钮，如图 4-16 所示。

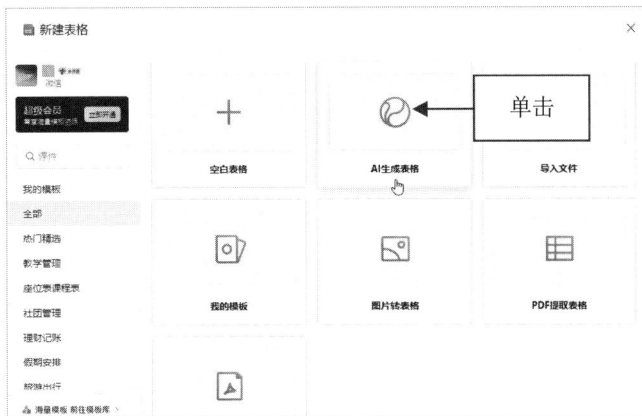

图 4-16　单击"AI 生成表格"按钮

STEP 03 在页面右侧弹出"AI 文档助手"面板，在下方输入相应的提示词"我的主题是：学生家庭信息表"，指导 AI 生成特定的表格内容，如图 4-17 所示。

图 4-17　输入相应提示词

STEP 04 单击右侧的"发送"按钮，稍等片刻，AI 即可生成相应的表格内容。单击"生成表格"按钮，如图 4-18 所示。

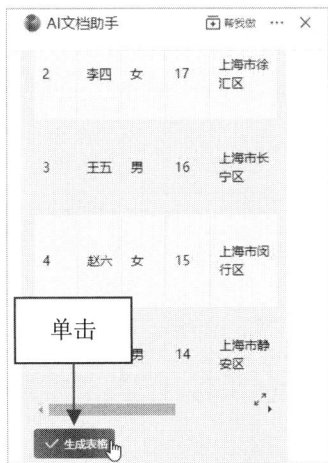

STEP 05 执行操作后，AI 即可生成 Excel 表格，单击 Excel 表格，如图 4-19 所示。

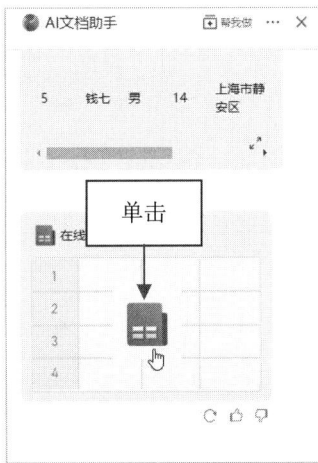

图 4-18　单击"生成表格"按钮

图 4-19　单击 Excel 表格

41

STEP 06 执行操作后，即可打开 Excel 表格，查看创建的表格内容，如图 4-20 所示。用户可根据需要修改表格中的内容，如姓名、性别、年龄、家庭住址以及父母联系方式等，使表格内容更符合要求。

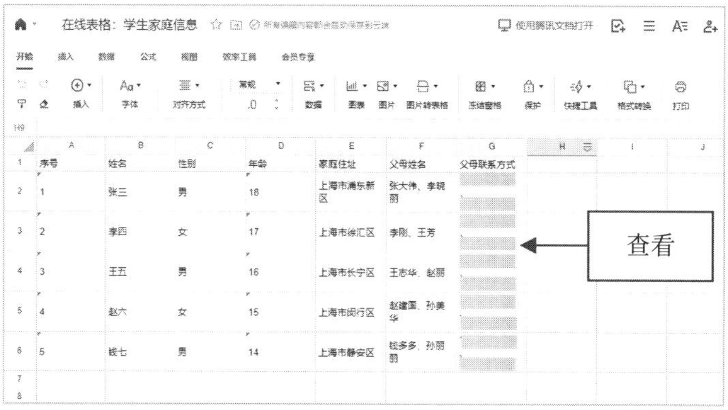

图 4-20 查看创建的表格内容

4.2.2 从大到小顺序排列

将学生家庭信息表中的内容按照学生年龄从大到小进行排列，方便教师更清晰地看到不同年龄段学生的特点和需求，从而制订更加个性化的教学计划。例如，对于年龄较大的学生，可能更注重自主学习和深度思考能力的培养；而对于年龄较小的学生，则可能侧重于基础知识的巩固和兴趣的培养。下面介绍在腾讯文档中将表格内容按照某列数据从大到小的顺序重新进行排列的操作方法。

STEP 01 在上一例的基础上，选择 D 列单元格区域中的数据内容，如图 4-21 所示。

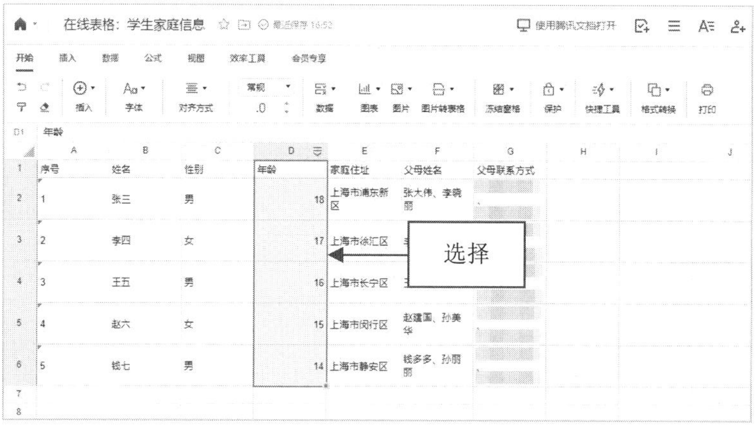

图 4-21 选择 D 列单元格区域中的数据内容

STEP 02 单击"数据"右侧的下三角按钮▼，在弹出的面板中单击"排序"右侧的下三角按钮▼；在弹出的下拉菜单中选择"降序"选项，如图4-22所示。

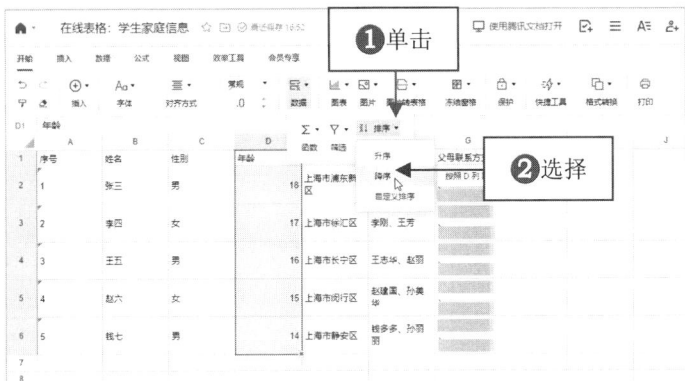

图4-22　选择"降序"选项

STEP 03 执行操作后，弹出"排序范围提醒"对话框，单击"确定"按钮，如图4-23所示。

图4-23　单击"确定"按钮

STEP 04 执行操作后，即可将表格内容按照年龄从大到小的顺序进行排列，效果如图4-24所示。

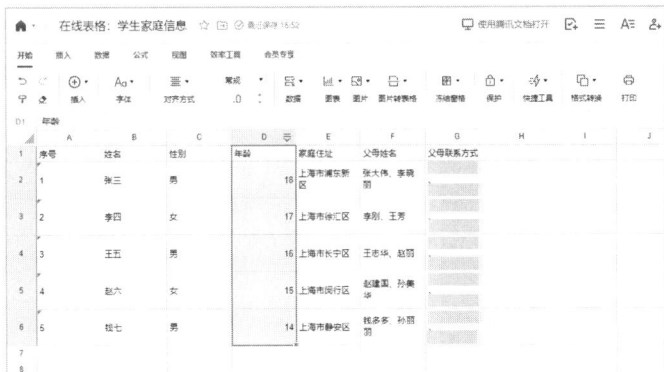

图4-24　将表格内容按照年龄从大到小的顺序进行排列

第 5 章

AI PPT：讯飞智文办公的高效应用

讯飞智文利用先进的 AI 技术，让 PPT 的创建变得前所未有的便捷。本章重点介绍利用讯飞智文创建 PPT 的几个技巧，并通过两个典型的应用案例，帮助读者掌握快速创建既美观又专业的 PPT 的操作方法。

讯飞智文是科大讯飞推出的一款基于星火认知大模型的人工智能文档创作平台，它为用户提供了高效、便捷的 PPT 创作和编辑体验。首先，向大家介绍一下讯飞智文的首页组成，如图 5-1 所示，帮助大家快速了解讯飞智文的操作界面。

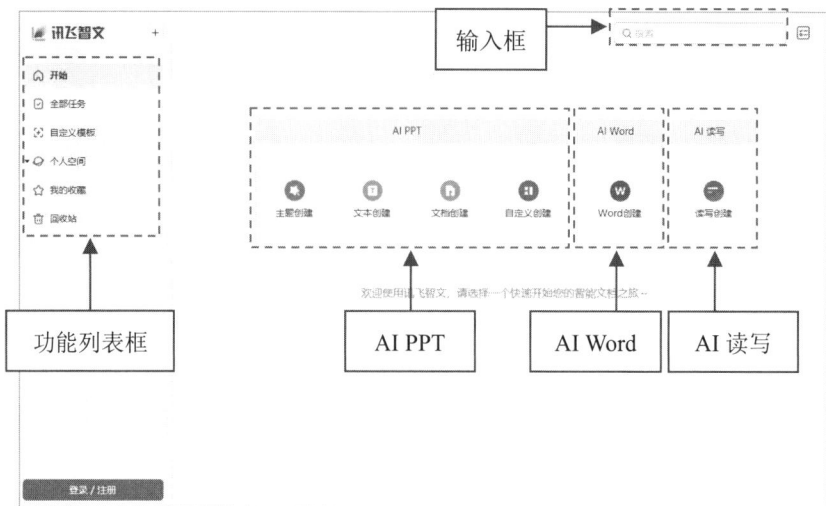

图 5-1　讯飞智文的首页组成

5.1　创　建　技　巧

用户若想使用讯飞智文制作 PPT，只需输入一句话，AI 系统便能一键生成相应的 PPT 文档。这对于经常需要制作演示文稿的用户而言，大大提高了工作效率。本节主要介绍通过讯飞智文的 AI 功能创建演示文稿的技巧。

5.1.1　根据主题创建

讯飞智文的"主题创建"功能允许用户输入一句话式的主题，AI 会快速地将这些想法转化为 PPT 文档。此外，用户还可以根据需求对文档内容进行 AI 改写，以便进一步完善文档。下面以"旅游宣传"PPT 的制作为例，介绍在讯飞智文中根据主题创建 PPT 的操作技巧。

STEP 01 在讯飞智文的"开始"页面中，单击左上角的"加号"按钮 ➕；在弹出的列表框中选择 AI PPT 选项，如图 5-2 所示。

STEP 02 执行操作后，进入"请选择创建方式"页面，单击"主题创建"按钮，如图 5-3 所示。该功能可以直接指定演示文稿的主题，让 AI 生成符合要求的 PPT。

STEP 03 进入"主题创建"页面，在文本框中输入"旅游宣传"的主题，例如

"杭州景点集合"，指导 AI 生成特定的"旅游宣传"PPT，如图 5-4 所示。

图 5-2　选择 AI PPT 选项

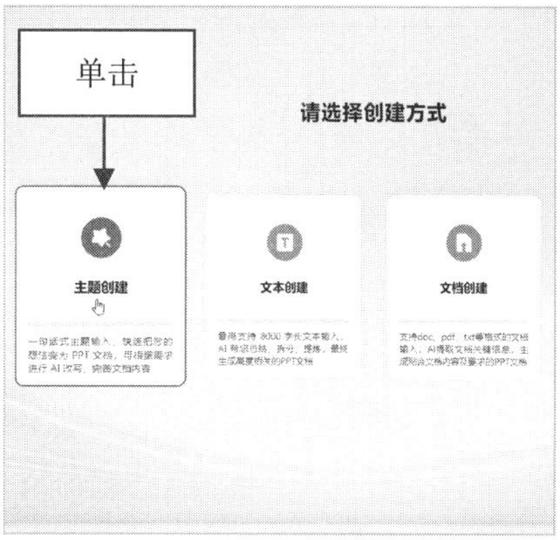

图 5-3　单击"主题创建"按钮

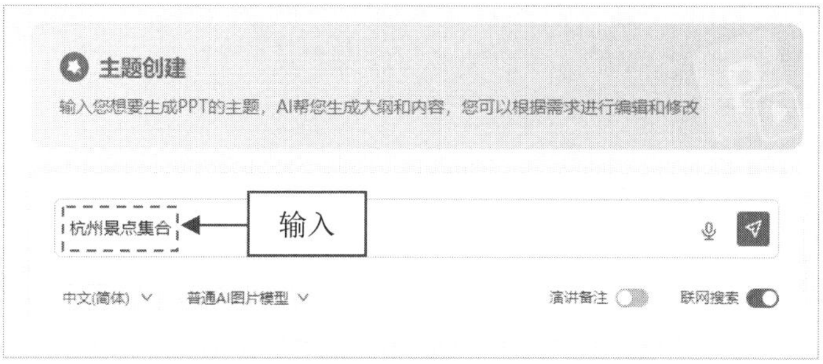

图 5-4　输入"旅游宣传"PPT 的主题

STEP 04　单击右侧的 ◀ 按钮，稍等片刻，AI 即可生成一份"旅游宣传"的 PPT 大纲。如果用户对大纲内容满意，可在页面下方单击"下一步"按钮，如图 5-5 所示。

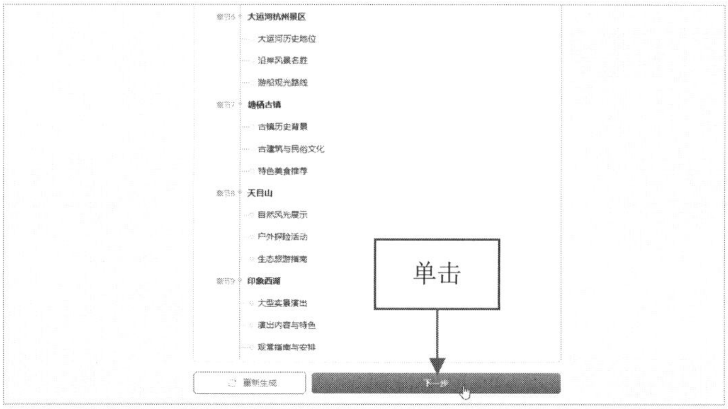

图 5-5　单击"下一步"按钮

STEP 05 进入选择模板页面，在其中选择一个自己喜欢的主题模板，如图 5-6 所示。

图 5-6　选择一个自己喜欢的主题模板

STEP 06 单击右上角的"开始生成"按钮，稍等片刻，即可生成一份完整的《旅游宣传》PPT，如图 5-7 所示。用户可以在左侧单击相应的幻灯片，查看 PPT 的内容。

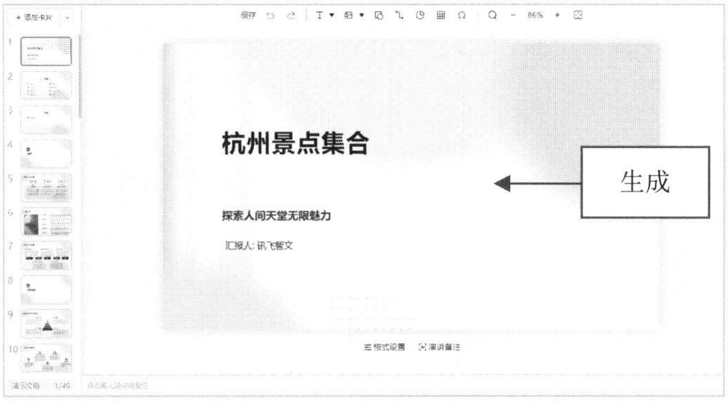

图 5-7　生成一份完整的"旅游宣传"PPT

STEP 07 单击页面右上角的"下载"按钮，弹出"PPT 购买"对话框，单击下方的"立即下载"按钮，如图 5-8 所示。

STEP 08 弹出"下载到本地"对话框，选择"PPT 文件"选项，如图 5-9 所示，单击"确定"按钮，即可下载"旅游宣传"PPT。

图 5-8　单击"立即下载"按钮

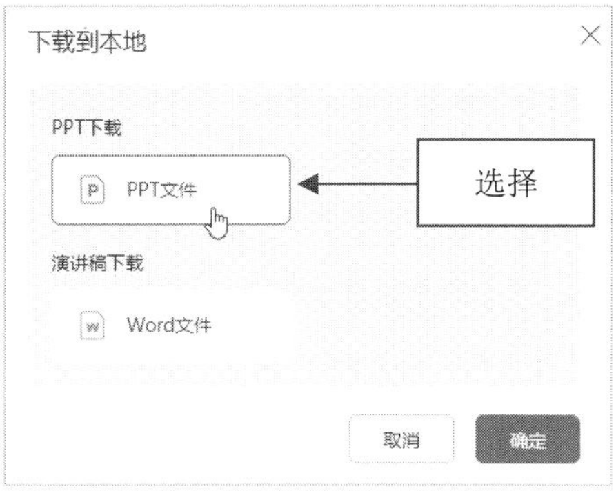

图 5-9　选择"PPT 文件"选项

5.1.2　根据文本创建

讯飞智文的"文本创建"功能允许用户输入一篇文章或一段文字，AI 会自动进行总结、拆分、提炼，最终生成与输入内容高度相关的 PPT 文档。下面以"职业规划"PPT 的制作为例，介绍在讯飞智文中根据文本创建 PPT 的操作方法。

STEP 01 在讯飞智文的"开始"页面中，单击"开始创作"按钮，弹出"快速开始"面板。在 AI PPT 选项区中单击"文本创建"按钮，如图 5-10 所示。

图 5-10　单击"文本创建"按钮

STEP 02 进入"文本创建"页面，在文本框中输入"职业规划"的基本内容，可以是一段文字或整篇文章。该功能支持最高 12 000 字长文本的输入，如图 5-11 所示。

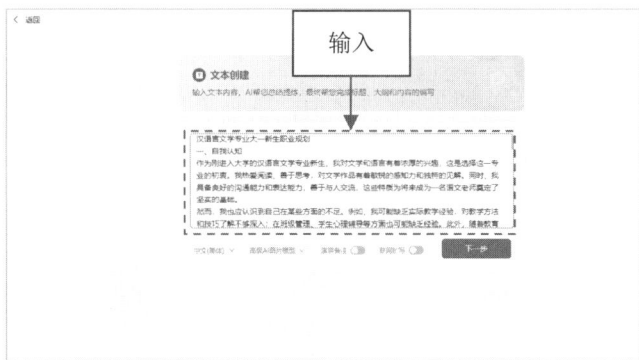

图 5-11　输入"职业规划"的基本内容

STEP 03 单击"下一步"按钮，AI 即可生成一份"职业规划"的大纲，如果用户对大纲内容满意，可在页面下方单击"下一步"按钮，如图 5-12 所示。

STEP 04 进入选择模板页面，在下方选择相应的 PPT 模板，如图 5-13 所示。

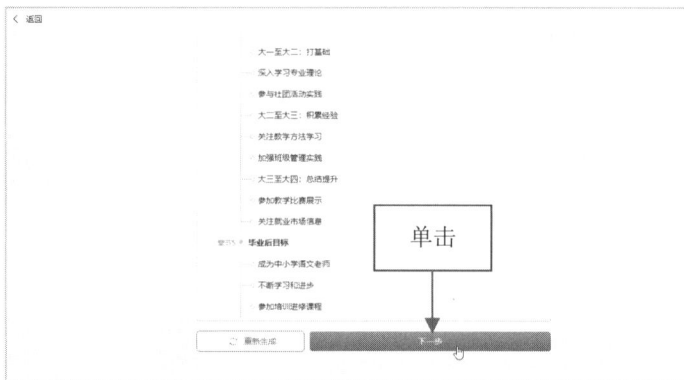

图 5-12　单击"下一步"按钮

图 5-13　选择相应的 PPT 模板

STEP 05 单击右上角的"开始生成"按钮，稍等片刻，即可生成一份完整的"职业规划"PPT。用户可以在左侧单击相应的幻灯片，查看 PPT 的内容，如图 5-14 所示。

图 5-14　查看"职业规划"PPT 的内容

5.1.3　根据文档创建

讯飞智文的"文档创建"功能允许用户上传一个文档，AI 会自动提取文档中的关键信息，生成贴合文档内容以及要求的 PPT 文档。它支持 doc、pdf、txt、md 等格式的文档，为用户办公带来了极大的便利。下面以"工作汇报"PPT 的制作为例，介绍在讯飞智文中根据文档创建 PPT 的操作方法。

STEP 01 打开讯飞智文的"开始"页面，单击"开始创作"按钮，弹出"快速开始"面板，在 AI PPT 选项区中，单击"文档创建"按钮，如图 3-15 所示。

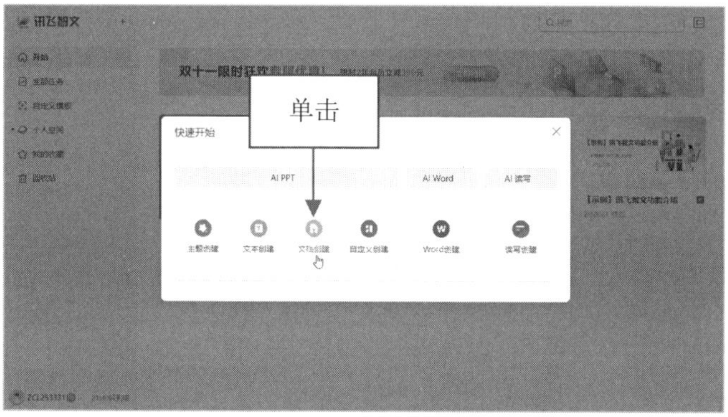

图 5-15　单击"文档创建"按钮

STEP 02 进入"文档创建"页面，单击"点击上传"文字链接，如图 5-16 所示。

STEP 03 弹出"打开"对话框，选择需要上传的 Word 文档，如图 5-17 所示。

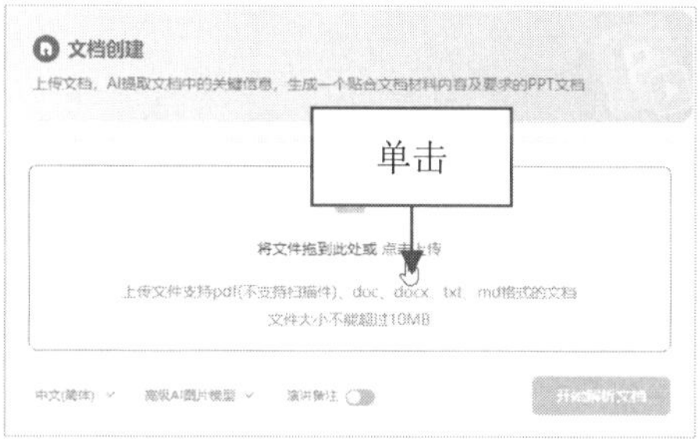

图 5-16　单击"点击上传"文字链接 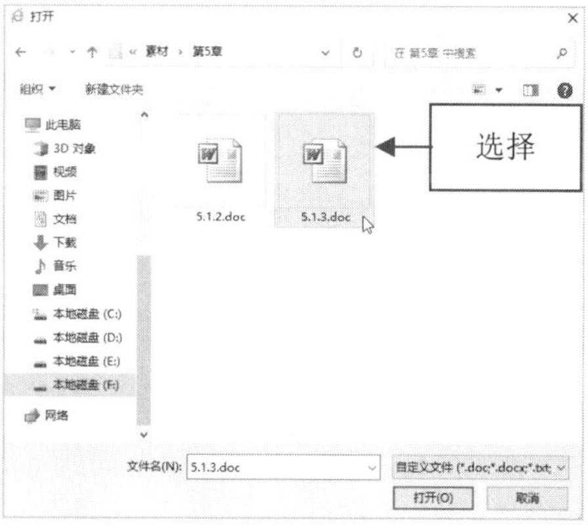　　**图 5-17　选择需要上传的 Word 文档**

STEP 04 单击"打开"按钮，即可将 Word 文档上传至"文档创建"页面，单击"开始解析文档"按钮，如图 5-18 所示。

STEP 05 稍等片刻，AI 即可生成一份"工作汇报"的大纲，在页面下方单击"下一步"按钮，如图 5-19 所示。

图 5-18　单击"开始解析文档"按钮 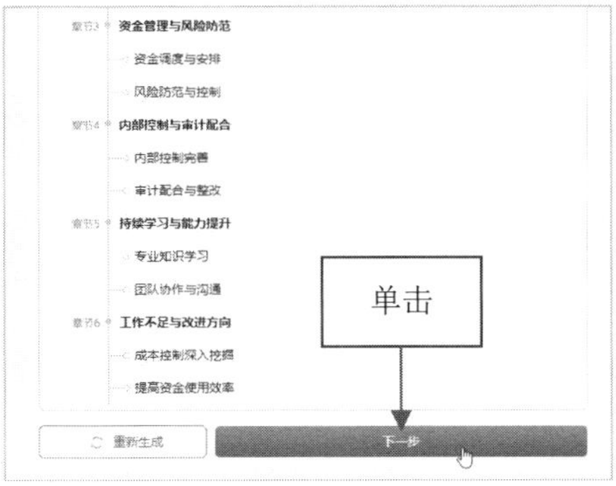　　　　图 5-19　单击"下一步"按钮

STEP 06 进入"选择"模板页面，在"全部"选项卡中，设置"行业"为"金融战略"；在下方选择相应的 PPT 模板，如图 5-20 所示。

图 5-20　选择相应的 PPT 模板

STEP 07 单击右上角的"开始生成"按钮，稍等片刻，即可生成一份完整的"工作汇报"PPT。用户可以在左侧单击相应的幻灯片，查看 PPT 的内容，如图 5-21 所示。

图 5-21　查看 PPT 的内容

5.2　应 用 案 例

本节通过几个真实的应用场景，来见证讯飞智文是如何在实际使用中大放异彩的。无论是教育领域的"教学课件"，还是企业活动的"晚会表彰"，讯飞智文都能轻松应对，助力办公人员快速创建专业、美观的 PPT。

5.2.1　教学课件

"教学课件"PPT 在提升教学效率与质量、激发学生学习兴趣与积极性、促进教学方式的多样化以及便于学生复习与巩固等方面发挥着重要作用，是许多老师喜爱的教学工具之一。下面介绍使用讯飞智文生成"教学课件"PPT 的操作方法。

STEP 01 在讯飞智文的"开始"页面中，单击左上角的"加号"按钮➕；在弹出的下拉菜单中选择 AI PPT 选项，如图 5-22 所示。

STEP 02 执行操作后，进入"请选择创建方式"页面，单击"主题创建"按钮，如图 5-23 所示。

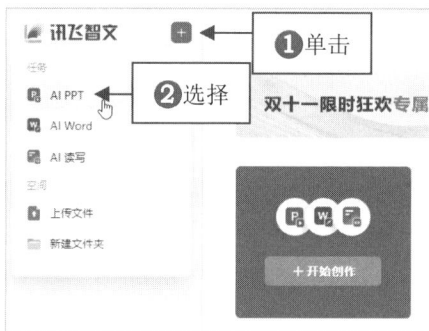

图 5-22　选择 AI PPT 选项

图 5-23　单击"主题创建"按钮

STEP 03 进入"主题创建"页面，在文本框中输入"教学课件"PPT 的主题，例如"诗歌《水调歌头》的教学课件"，如图 5-24 所示。

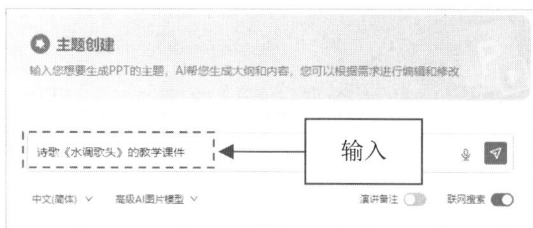

图 5-24　输入"教学课件"PPT 的主题

STEP 04 单击右侧的"发送"按钮 ✈，稍等片刻，AI 会生成一份"教学课件"的
PPT 大纲。如果用户对大纲内容满意，可在页面下方单击"下一步"按钮，如图 5-25
所示。

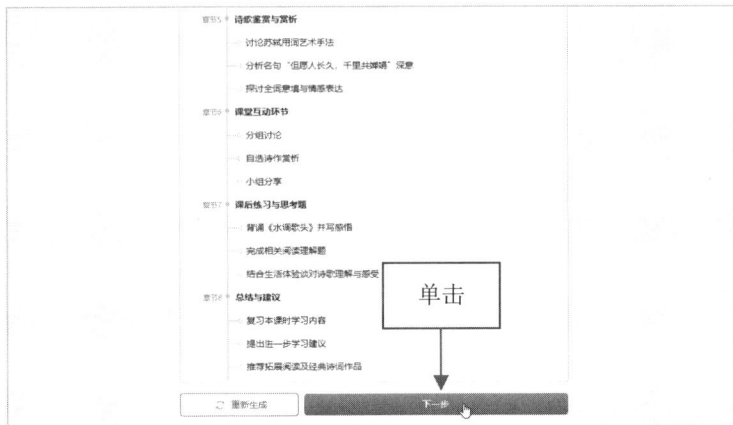

图 5-25 单击"下一步"按钮

STEP 05 进入"选择"模板页面，选择一个自己喜欢的主题模板，如图 5-26
所示。

图 5-26 选择一个自己喜欢的主题模板

STEP 06 单击右上角的"开始生成"按钮，稍等片刻，即可生成一份完整的"教
学课件"PPT，如图 5-27 所示。用户可以在左侧单击相应的幻灯片，查看 PPT 的
内容。

图 5-27 生成一份完整的"教学课件"PPT

5.2.2 晚会表彰

"晚会表彰"PPT 在增强仪式感、展示荣誉与成就、激励与鼓舞、传递正能量与价值观以及提升活动品质与形象等方面发挥着重要作用。下面介绍使用讯飞智文生成晚会表彰 PPT 的操作方法。

STEP 01 根据上面介绍的方法，进入"主题创建"页面，在文本框中输入"晚会表彰"PPT 的主题，例如"B 公司年终晚会表彰"，如图 5-28 所示。

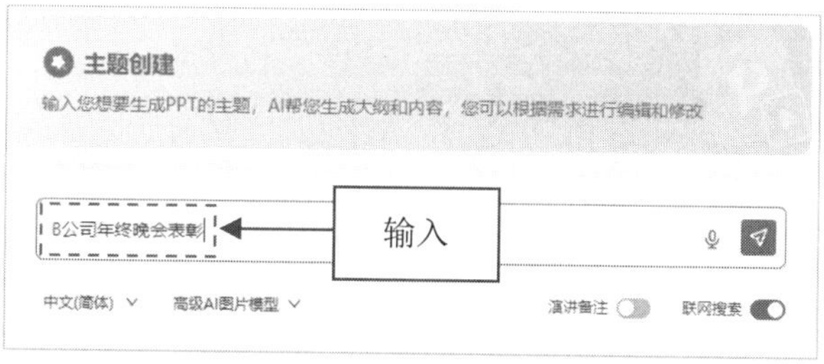

图 5-28 输入"晚会表彰"PPT 的主题

STEP 02 单击右侧的"发送"按钮 ，稍等片刻，AI 会生成一份"晚会表彰"的 PPT 大纲。如果用户对大纲内容满意，可在页面下方单击"下一步"按钮，如图 5-29 所示。

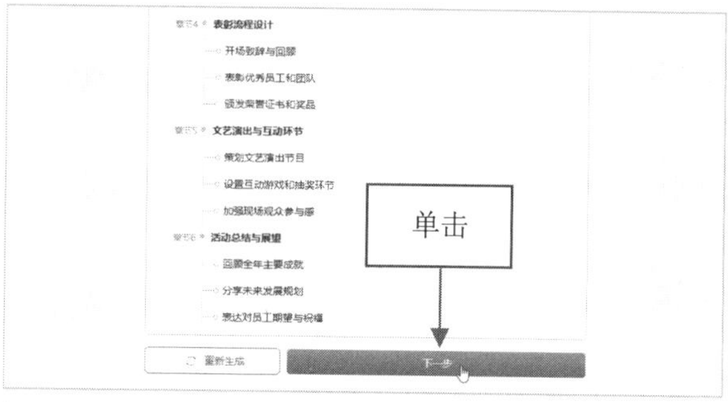

图 5-29 单击"下一步"按钮

STEP 03 进入"选择"模板页面，选择一个自己喜欢的主题模板，如图 5-30 所示。

图 5-30　选择一个自己喜欢的主题模板

STEP 04　单击右上角的"开始生成"按钮，稍等片刻，即可生成一份完整的"晚会表彰"PPT，如图 5-31 所示。用户可以在左侧单击相应的幻灯片，查看 PPT 的内容。

图 5-31　生成一份完整的《晚会表彰》PPT

第 6 章

思维导图：Boardmix 办公的高效应用

在当今快节奏的工作环境中，思维导图已成为提升办公效率的重要工具。Boardmix 作为一款功能强大的在线白板应用，其思维导图功能更是让办公效率跃上一个新台阶。本章将深入探讨 Boardmix 中思维导图的生成技巧，并通过应用案例，帮助读者学会使用 Boardmix，从而轻松应对复杂的工作，实现思维与效率的双重飞跃。

首先，向大家介绍一下 Boardmix 的首页组成，如图 6-1 所示，帮助读者快速了解 Boardmix 的操作页面。

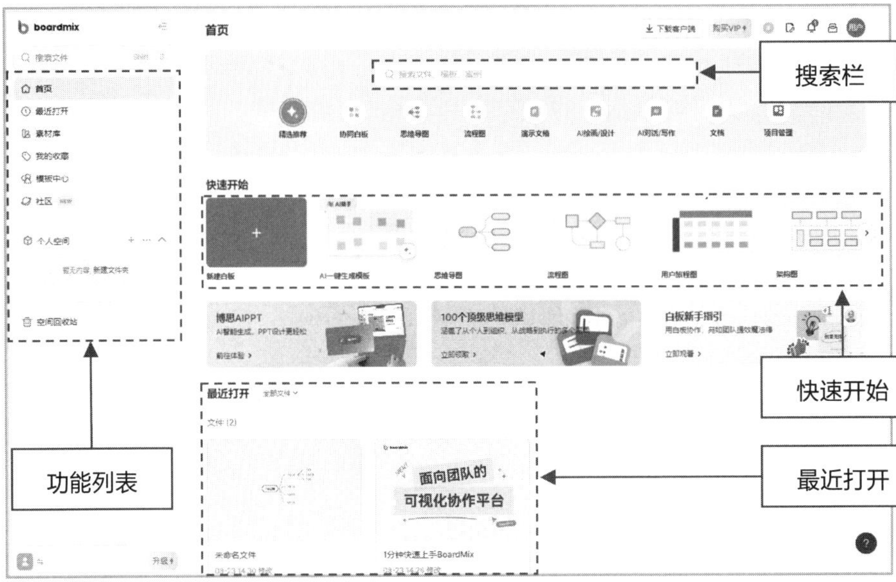

图 6-1 Boardmix 的首页组成

6.1 生 成 技 巧

Boardmix 是一款基于云端的协作白板，集成了多种工具和使用功能，如思维导图、流程图、绘图、文档编辑等，旨在帮助团队进行远程协作和创意思维。本节重点介绍使用 Boardmix 生成思维导图的 3 个技巧，帮助用户轻松构建出优质的思维导图内容。

6.1.1 AI 一键生成

Boardmix 通过其 AI 助手，提供了一键生成思维导图的功能。用户无需手动绘制或构建复杂的思维导图结构，只需输入相应的需求或问题，AI 助手便能在几秒钟内自动生成完整的思维导图，为用户提供清晰的思路或方案。部分效果如图 6-2 所示。

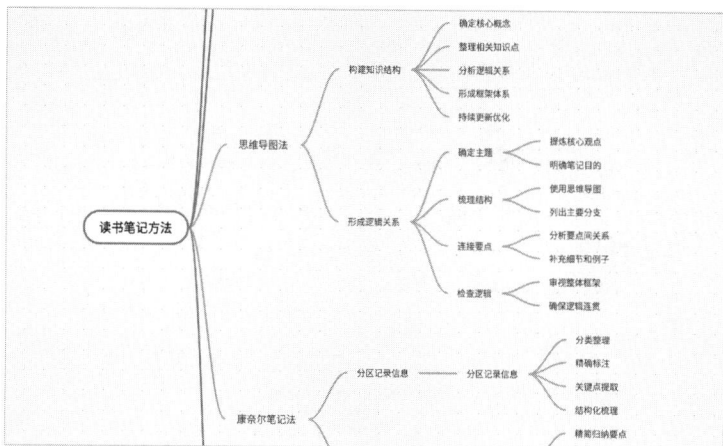

图 6-2　部分效果欣赏

下面介绍如何使用 Boardmix 的 AI 功能一键生成读书笔记方法的思维导图。

STEP 01 打开相应的浏览器，输入 Boardmix 的官方网址，打开官方网站，登录账号后，单击搜索栏下方的"思维和灵感梳理"按钮，如图 6-3 所示。

图 6-3　单击"思维和灵感梳理"按钮

STEP 02 切换至"思维和灵感梳理"选项卡后，单击"快速开始"选项区中的"AI 一键生成思维导图"缩略图，如图 6-4 所示。

STEP 03 弹出"生成思维导图"面板，在输入框中输入相应的提示词"读书笔记方法"；单击"提问"按钮 ，如图 6-5 所示。

STEP 04 执行操作后，AI 即可快速生成一个"读书笔记方法"的思维导图框架，如图 6-6 所示。

图 6-4　单击"AI 一键生成思维导图"缩略图

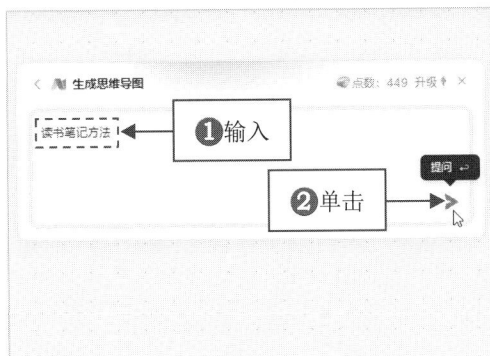

图 6-5　单击"提问"按钮

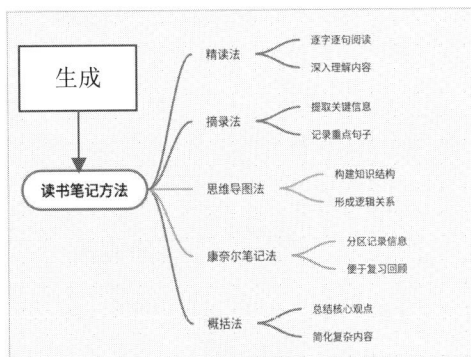

图 6-6　生成相应的思维导图框架

STEP 05 继续向 AI 提问，在输入框中输入相应的提示词，如图 6-7 所示，让 AI 将思维导图的内容细化。

STEP 06 单击"提问"按钮 ，AI 即可生成更详细的思维导图，如图 6-8 所示。

STEP 07 思维导图制作完成后，若用户需要将思维导图下载保存，可以单击页面左上角的"下载"按钮 ；在弹出的下拉菜单中选择"图片(PNG/JPG/SVG)"选项，如图 6-9 所示。

STEP 08 弹出"导出为图片"对话框，设置"导出格式"为 PNG；根据自身需求设置导出思维导图的相关信息；单击下方的"导出"按钮，如图 6-10 所示，即可将思维导图导出为 PNG 图片。

图 6-7　输入相应提示词

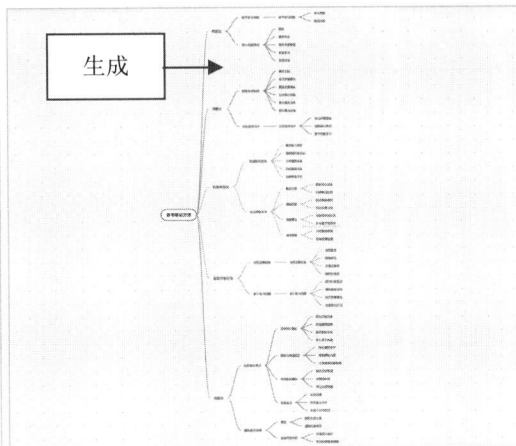

图 6-8　生成更详细的思维导图

图 6-9　选择"图片(PDF/JPG/SVG)"
　　　　选项

图 6-10　单击"导出"按钮

6.1.2　提炼文档生成

　　Boardmix 通过其 AI 助手，支持用户将 Markdown 文件、Word 文档、记事本等多种格式的文档内容快速提炼并生成思维导图。这一功能能够自动分析文档中的标题、段落、关键词等信息，智能构建思维导图的结构和节点，帮助用户更好地理解和组织文档内容，效果如图 6-11 所示。

　　下面介绍如何使用 Boardmix 的 AI 功能提炼文档并生成思维导图。

STEP 01　在"思维和灵感梳理"选项卡中，单击"快速开始"选项区中的"AI 提炼文档生成思维导图"缩略图，如图 6-12 所示。

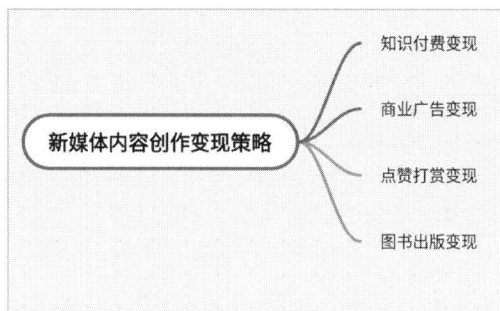

图 6-11　效果欣赏

图 6-12　单击"AI 提炼文档生成思维导图"缩略图

STEP 02 弹出"打开"对话框，选择需要导入的文档素材，如图 6-13 所示。

STEP 03 单击"打开"按钮，AI 会将文档内容提炼并生成思维导图，如图 6-14 所示。

图 6-13　选择需要导入的文档素材

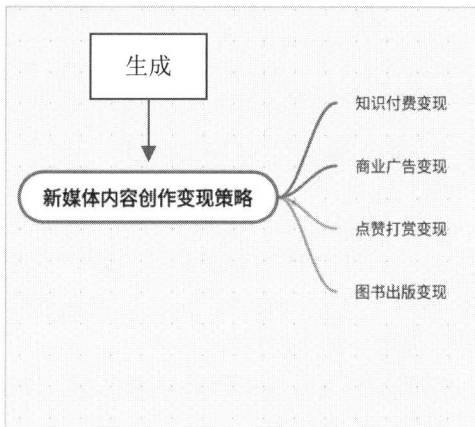

图 6-14　将文档内容提炼并生成思维导图

6.1.3　导入文件转换

Boardmix 支持导入多种文件类型，包括但不限于 Markdown 文件、Word 文档等。这些文件类型涵盖了用户在日常工作和学习中常用的文档格式，使用户能够轻松地将现有文档转换为思维导图，效果如图 6-15 所示。

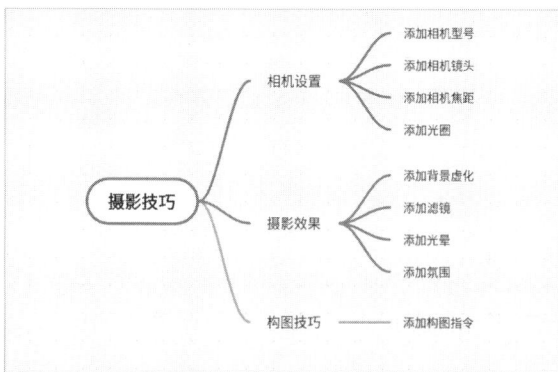

图 6-15　效果欣赏

下面介绍如何使用 Boardmix 导入文件并转换为思维导图。

STEP 01　在"思维和灵感梳理"选项卡中，单击"快速开始"选项区中的"新建空白思维导图"缩略图，如图 6-16 所示。

图 6-16　单击"新建空白思维导图"缩略图

STEP 02　执行操作后，即可新建一个空白的思维导图，单击页面左上角的"设置"按钮 ，如图 6-17 所示。

STEP 03 在弹出的下拉菜单中选择"导入"|Word 命令，如图 6-18 所示。

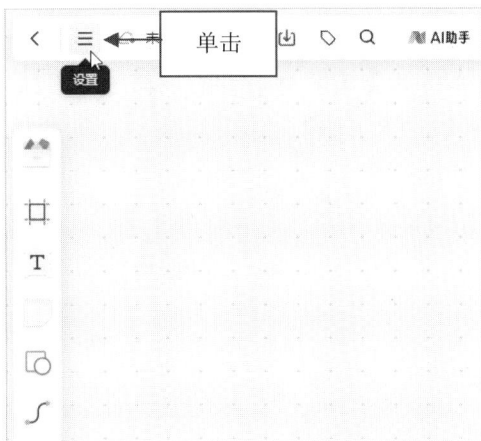

图 6-17 单击"设置"按钮

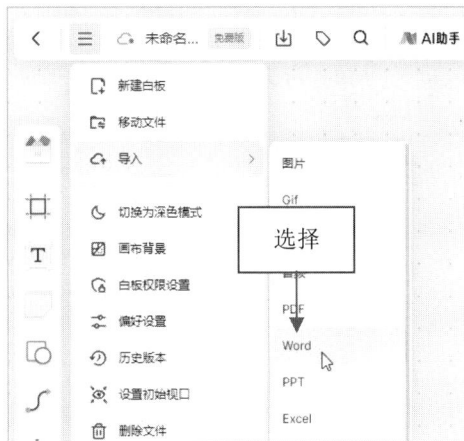

图 6-18 选择"Word"命令

专家提醒

　　除Markdown文件、Word文档外，用户还可以导入图片、GIF、视频、音频、PDF、PPT、Excel等多种文件格式，生成思维导图。

STEP 04 执行操作后，弹出"打开"对话框，选择需要导入的 Word 文档，如图 6-19 所示，单击"打开"按钮。

STEP 05 执行操作后，弹出"导入 Word 为"对话框，单击"生成思维导图"按钮，如图 6-20 所示。

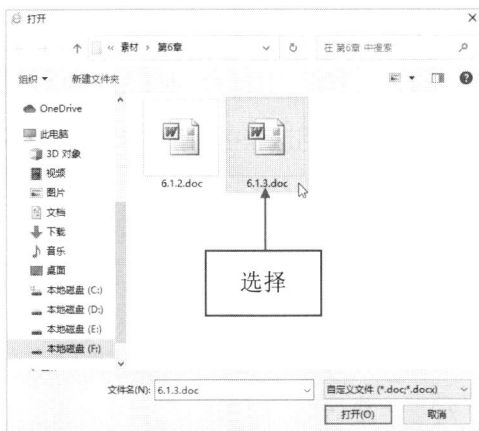

图 6-19 选择需要导入的 Word 文档

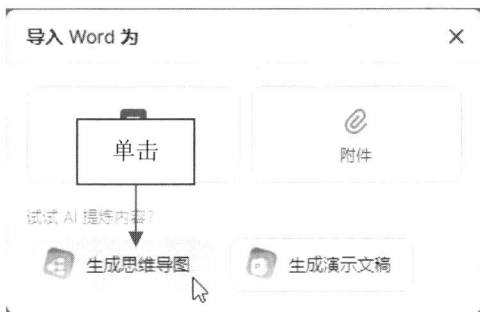

图 6-20 单击"生成思维导图"按钮

STEP 06 稍等片刻，即可根据导入的 Word 文档生成思维导图。选中不需要的主题内容，如图 6-21 所示。

STEP 07 单击鼠标右键，在弹出的快捷菜单中选择"删除"命令，如图 6-22 所示，即可删除不需要的主题内容。

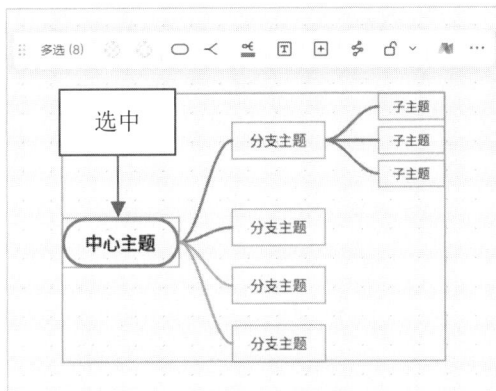

图 6-21　选中不需要的主题内容

图 6-22　选择"删除"命令

6.2　应用案例

本节主要以"职场生存指南"和"品牌定位策略"的思维导图制作为例，介绍如何运用思维导图来优化工作流程、提高工作效率。

6.2.1　职场生存指南

"职场生存指南"思维导图是一种将职场生存的关键信息、策略和建议以图形化的方式展示出来的工具。这种思维导图通过节点、分支和连接等元素，清晰地展示了职场生存的重要方面，从而帮助职场人士更好地理解和应用这些指南，效果如图 6-23 所示。

下面介绍如何使用 Boardmix 的 AI 功能一键生成职场生存指南思维导图。

STEP 01 打开相应的浏览器，输入 Boardmix 的官方网址，打开官方网站。登录账号后，在"思维和灵感梳理"选项卡中，单击"快速开始"选项区中的"AI 一键生成思维导图"缩略图，如图 6-24 所示。

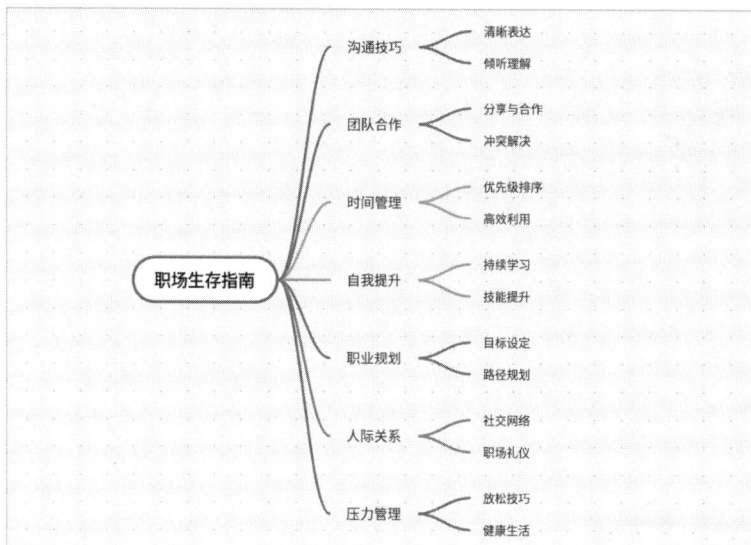

图 6-23 效果欣赏

图 6-24 单击"AI 一键生成思维导图"缩略图

STEP 02 弹出"生成思维导图"面板，在输入框中输入相应的提示词；单击"提问"按钮 ➤，如图 6-25 所示。

STEP 03 执行操作后，AI 即可快速生成一个职场生存指南的思维导图，并显示在页面中，如图 6-26 所示。

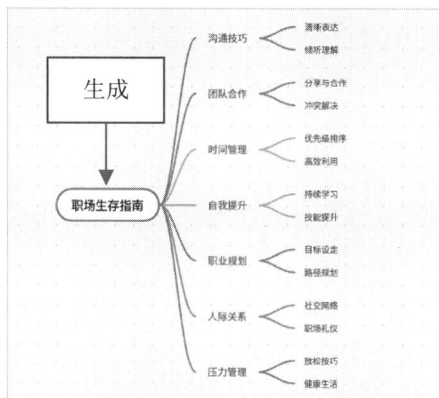

图 6-25　单击"提问"按钮

图 6-26　生成相应的思维导图

6.2.2　"品牌定位策略"思维导图

"品牌定位策略"思维导图是一种用于组织和展示品牌定位过程中关键要素、步骤和考虑因素的视觉工具。它帮助营销团队、品牌经理和广告专业人士清晰地理解品牌定位的核心概念，以及如何有效地制定和执行品牌定位策略。图 6-27 所示为"品牌定位策略"思维导图的效果。

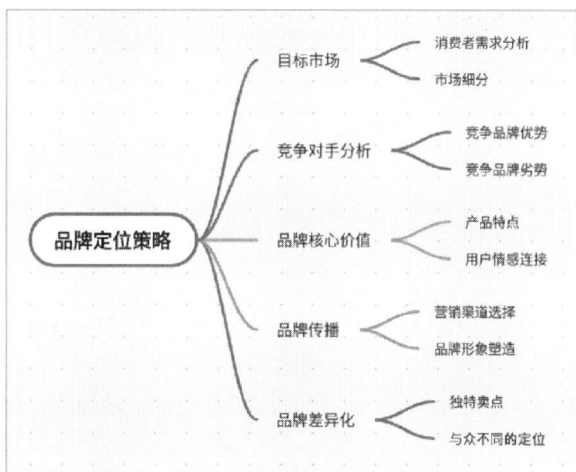

图 6-27　效果欣赏

下面介绍如何使用 Boardmix 的 AI 功能一键生成品牌定位策略思维导图。

STEP 01　打开相应的浏览器，输入 Boardmix 的官方网址，打开官方网站。登录账号后，在"思维和灵感梳理"选项卡中，单击"快速开始"选项区中的"AI 一键生成思维导图"缩略图，如图 6-28 所示。

图 6-28　单击"AI 一键生成思维导图"缩略图

STEP 02 弹出"生成思维导图"面板，在输入框中输入相应的提示词；单击"提问"按钮 >，如图 6-29 所示。

STEP 03 执行操作后，AI 即可快速生成一个品牌定位策略的思维导图，并显示在页面中，如图 6-30 所示。

图 6-29　单击"提问"按钮

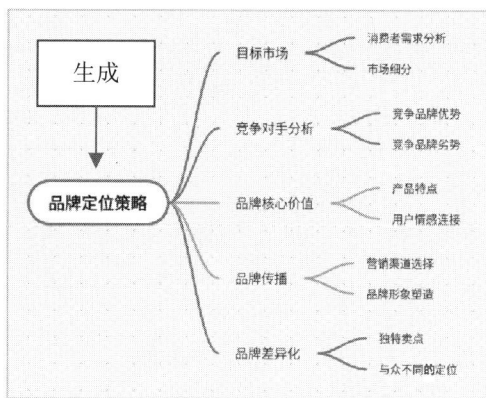

图 6-30　生成相应的思维导图

第 7 章

绘图设计：文心一格办公的高效应用

文心一格作为一款集智能与便捷于一体的绘图工具，不仅能够根据用户需求快速生成高质量图像，还提供了多种灵活的绘图方式，让办公变得更加高效与轻松。本章将带领读者一起探索文心一格在办公领域的高效应用，感受它如何助力我们实现工作与创作的双重飞跃。

首先，向大家介绍一下文心一格的首页组成，如图 7-1 所示，帮助读者快速了解文心一格的操作页面。

图 7-1 文心一格的首页组成

7.1 绘 图 技 巧

本节将带领读者学习几种关键的 AI 绘图技巧。无论是快速生成图像以满足工作需要，还是出于个人创意的表达，通过学习和实践本节的绘图技巧，用户能显著提高绘图效率和质量。

7.1.1 输入提示词生成图像

在"AI 创作"页面中，用户可以输入自定义的提示词(该平台也将其称为创意)，让 AI 生成符合自己需求的图像，效果如图 7-2 所示。

下面介绍在文心一格中输入自定义的提示词生成图像的操作方法。

STEP 01 进入文心一格首页，单击页面右上角的"立即创作"按钮，如图 7-3 所示。

STEP 02 进入"AI 创作"页面，在输入框中输入相应的提示词，如图 7-4 所示。

图 7-2　效果展示

图 7-3　单击"立即创作"按钮

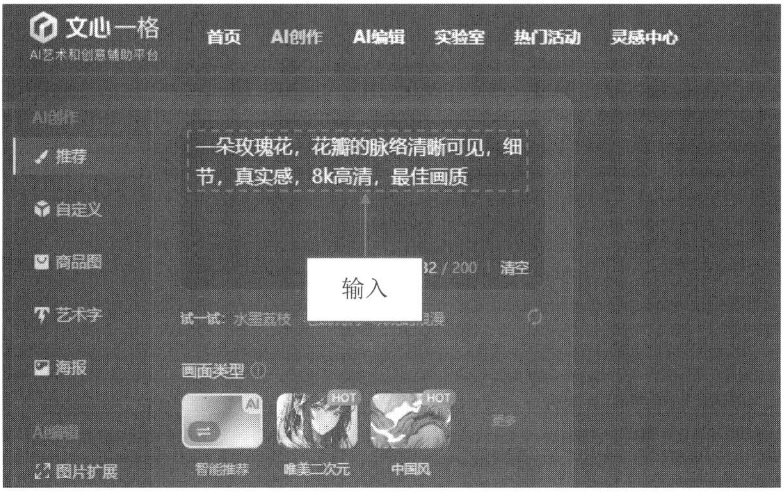

图 7-4　输入相应的提示词

STEP 03 设置"画面类型"为"智能推荐"；设置相应的图像比例和出图数量；单击"立即生成"按钮，即可生成相应的效果图，如图 7-5 所示。

图 7-5　生成相应的效果图

7.1.2　利用系统推荐提示词生成图像

在提示词输入框的下方，系统会推荐一些提示词，用户可以选择相应的提示词进行 AI 绘画，效果如图 7-6 所示。

图 7-6　效果展示

下面介绍使用文心一格推荐的提示词生成图像的操作方法。

STEP 01 进入"AI 创作"页面，选择相应的系统推荐提示词，如图 7-7 所示。

STEP 02 设置相应的图像比例和出图数量；单击"立即生成"按钮，即可生成相应的图像，效果如图 7-8 所示。

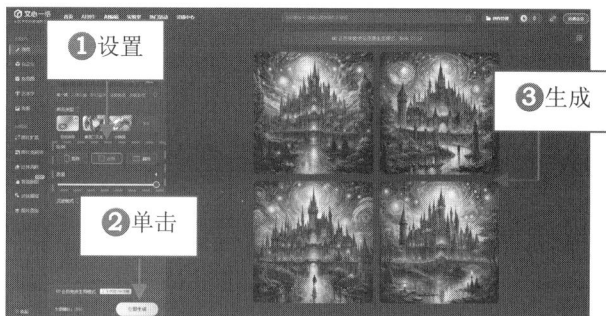

图 7-7　选择相应的系统推荐提示词

图 7-8　生成相应的图像

7.1.3　上传参考图生成图像

使用文心一格的"上传参考图"功能，用户可以上传任意一张图片，通过文字描述想要修改的地方，从而实现想要的图片效果。原图与效果图的对比如图 7-9 所示。

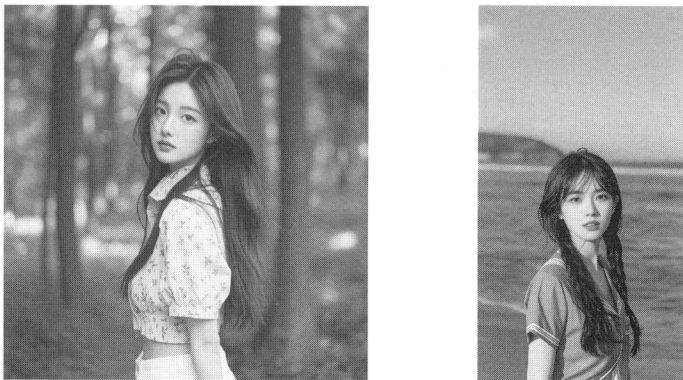

图 7-9　原图与效果图的对比

STEP 01 在"AI 创作"页面中切换至"自定义"选项卡，输入相应的提示词；选择"创艺"AI 画师；单击"上传参考图"下方的➕按钮，如图 7-10 所示。

图 7-10　单击相应的按钮

STEP 02 弹出"打开"对话框，选择相应的参考图；单击"打开"按钮，如图 7-11 所示。

STEP 03 执行操作后，即可成功上传参考图，并显示在页面中。设置"影响比重"为 8，增强参考图对生图效果的影响；设置"尺寸"为 9：16，分辨率为 720×1280，出图数量为 4，如图 7-12 所示。

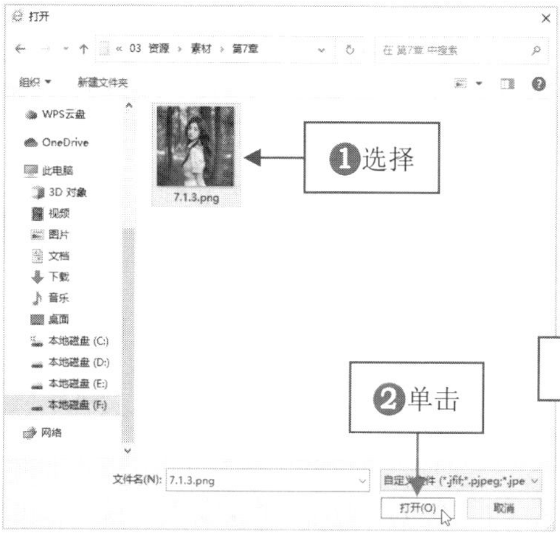

图 7-11　单击"打开"按钮

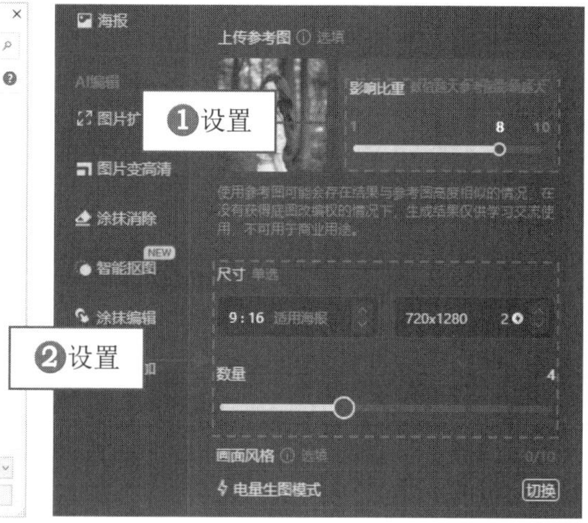

图 7-12　设置图像信息

STEP 04 单击"立即生成"按钮，稍等片刻，即可生成 4 张效果图，如图 7-13 所示。

图 7-13 生成 4 张效果图

7.2 应用案例

本节将通过"荷花古典美人"和"精致女孩"两个精心挑选的案例，深入探索文心一格在实际工作场景中的卓越表现。大家将亲眼见证文心一格如何凭借其强大的绘图设计功能，助力用户轻松实现创意与技术的完美结合。

7.2.1 荷花古典美人

用户可以在提示词输入框的下方，选择"荷花古典美人"提示词进行 AI 绘画，效果如图 7-14 所示。

图 7-14 效果展示

下面介绍使用文心一格推荐的提示词生成图像的操作方法。

STEP 01 进入"AI 创作"页面，选择相应的系统推荐提示词，如图 7-15 所示。

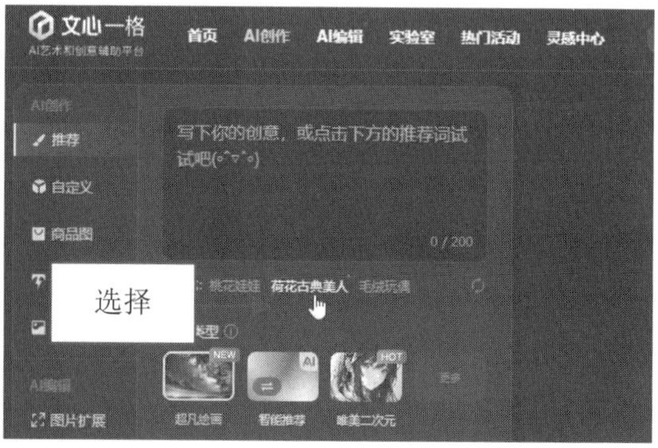

图 7-15　选择相应的系统推荐提示词

STEP 02 设置"画面类型"、图像比例和出图数量；单击"立即生成"按钮，即可生成相应的图像，效果如图 7-16 所示。

图 7-16　生成相应的图像

7.2.2　精致女孩

若用户想生成一张与原图风格不一致的效果图，可以上传参考图并输入自己的要求，以便文心一格生成我们想要的效果图。原图与效果图的对比如图 7-17 所示。

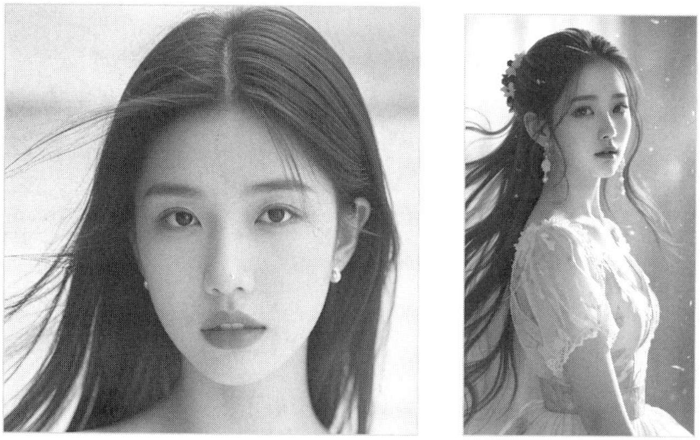

图 7-17　原图与效果图的对比

STEP 01 在"AI 创作"页面中切换至"自定义"选项卡，输入相应的提示词；选择"创艺"AI 画师；单击"上传参考图"下方的 ⊕ 按钮，如图 7-18 所示。

图 7-18　单击相应按钮

STEP 02 弹出"打开"对话框，选择相应的参考图；单击"打开"按钮，如图 7-19 所示。

STEP 03 执行操作后，即可成功上传参考图，并显示在页面中。设置"影响比重"为 8，增强参考图对生图效果的影响；设置"尺寸"为 9：16，分辨率为 720×1280，出图数量为 4，如图 7-20 所示。

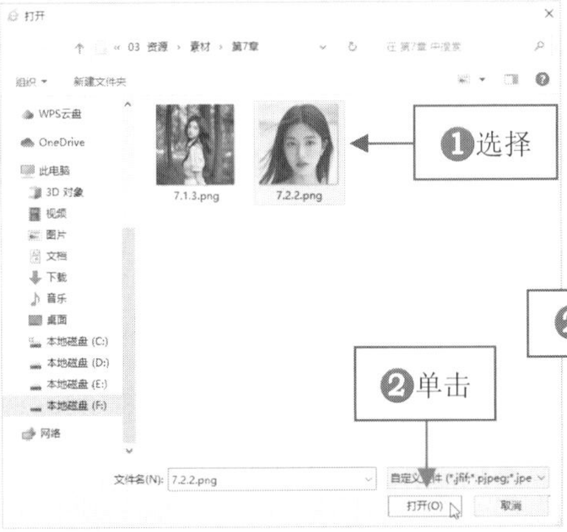

图 7-19　单击"打开"按钮

图 7-20　设置图像信息

STEP 04 单击"立即生成"按钮，稍等片刻，即可生成 4 张效果图，如图 7-21 所示。

图 7-21　生成 4 张效果图

第 8 章

摄影创作：即梦 AI 办公的高效应用

在当今数字化时代，摄影创作已成为人们记录生活、表达情感的重要方式。而即梦 AI 刚好能为摄影爱好者们提供便利，助力他们在摄影创作上更上一层楼。本章将全面解析如何运用即梦 AI，让作品更具有魅力。

即梦 AI 是一个功能强大、操作便捷的一站式 AI 创作平台,无论是图片创作还是视频创作,都能为用户提供丰富的创作工具和灵感资源。首先,向大家介绍一下即梦 AI 的首页组成,如图 8-1 所示,帮助大家快速了解即梦 AI 的操作页面。

图 8-1 即梦 AI 的首页组成

8.1 摄 影 技 巧

对于用户来说,使用 AI 生成摄影图片时,最简单的方法是通过提示词来模拟相机型号、镜头类型和相机设置的效果,从而使生成的图片更具有真实感。本节通过对相关提示词的使用技巧进行讲解,让不会摄影的用户也能获得精美的 AI 摄影图片。

8.1.1 添加相机型号提示词

在 AI 摄影中,运用一些相机型号提示词模拟相机拍摄的画面效果,能够为用户带来更大的创作空间,使 AI 摄影作品更加多样化、更加精彩,从而让照片给观众带来更真实的视觉感受,效果如图 8-2 所示。

下面介绍具体的操作方法。

STEP 01 进入即梦 AI 首页,在"AI 作图"选项区中单击"图片生成"按钮,如图 8-3 所示。

STEP 02 执行操作后,进入"图片生成"页面,输入包含相机型号的提示词;设置"精细度"为 10、"图片比例"为 16:9,如图 8-4 所示。

图 8-2 效果展示

图 8-3 单击"图片生成"按钮

图 8-4 设置图像信息

STEP 03 单击"立即生成"按钮，即可生成 4 张效果图，如图 8-5 所示。单击相应的图片，可以查看大图效果。

图 8-5　生成 4 张效果图

8.1.2　添加相机镜头提示词

　　不同的镜头类型具有各自独特的特点和用途，它们为摄影师提供了丰富的创作选择。在 AI 摄影中，用户也可以根据主题和创作需求，添加镜头类型提示词来表达自己的视觉语言，效果如图 8-6 所示。

图 8-6　效果展示

下面介绍具体的操作方法。

STEP 01 进入"图片生成"页面，输入包含相机镜头类型的提示词；设置"精细度"为 10，"图片比例"为 16:9，如图 8-7 所示。

STEP 02 单击"立即生成"按钮，即可生成 4 张效果图，如图 8-8 所示。单击相应的图片，可以查看大图效果。

图 8-7　设置图像信息

图 8-8　生成 4 张效果图

8.1.3　添加相机焦距提示词

焦距是指镜头的光学属性，表示从镜头到成像平面的距离，它会对照片的视角和放大倍率产生影响。以 35 mm 焦距为例，它的视角接近人眼所见，适用于生成人像、风景、街拍等 AI 摄影作品，效果如图 8-9 所示。

图 8-9　效果展示

下面介绍具体的操作方法。

STEP 01 进入"图片生成"页面，输入包含 35 mm 焦距的提示词；设置"精细度"为 10，"图片比例"为 2∶3，如图 8-10 所示。

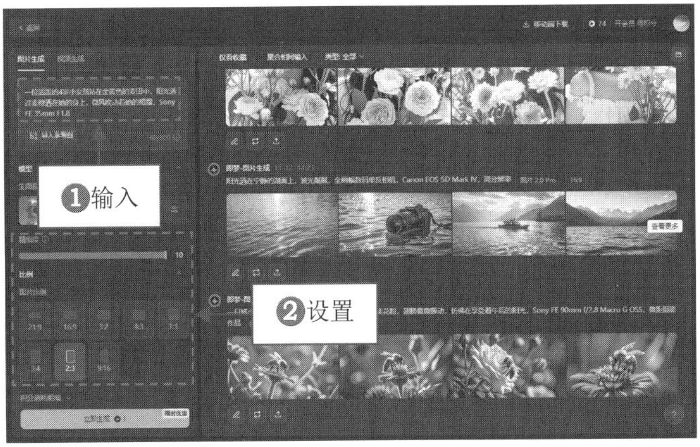

图 8-10　设置图像信息

STEP 02 单击"立即生成"按钮，即可生成 4 张效果图，如图 8-11 所示。单击相应的图片，可以查看大图效果。

图 8-11　生成 4 张效果图

8.1.4　添加光圈提示词

光圈是指相机镜头的光圈孔径大小。它主要用来控制镜头进光量的大小，影响照片的亮度和景深效果。例如，大光圈(光圈参数值偏小，如 f/1.8)会产生浅景深效果，使主体清晰而背景模糊，效果如图 8-12 所示。

图 8-12　效果展示

下面介绍具体的操作方法。

STEP 01　进入"图片生成"页面，输入包含光圈参数值在内的提示词；设置"精细度"为 10，"图片比例"为 9∶16，如图 8-13 所示。

图 8-13　设置图像信息

STEP 02 单击"立即生成"按钮，即可生成 4 张效果图，如图 8-14 所示。单击相应的图片，可以查看大图效果。

图 8-14　生成 4 张效果图

8.2　应用案例

在摄影创作的广阔天地里，即梦 AI 以其高效的应用功能，为摄影师们打开了无限可能。本节通过"人像摄影"和"美食摄影"两个具体案例，展示即梦 AI 在 AI 摄影创作方面的卓越表现，帮助摄影师们提升工作效率和作品质量。

8.2.1 人像摄影

人像摄影，主要指的是以人物为主要创作对象的摄影形式。这种摄影方式的核心在于展现人物的形态与神情，并着重刻画人物本身的容貌、气质和性格特征。即梦AI可以通过用户输入的提示词，生成细腻、独特的摄影作品，效果如图8-15所示。

图8-15 效果展示

下面介绍具体的操作方法。

STEP 01 进入"图片生成"页面，输入关于人像摄影的提示词；设置"精细度"为10，"图片比例"为1:1，如图8-16所示。

图8-16 设置图像信息

STEP 02 单击"立即生成"按钮，即可生成 4 张效果图，如图 8-17 所示。单击相应的图片，可以查看大图效果。

生成

图 8-17　生成 4 张效果图

8.2.2　美食摄影

美食摄影是一种专门拍摄食物照片的艺术形式，它旨在通过摄影手法和艺术表现将美食呈现在观众眼前。即梦 AI 可以生成专业且美观的美食照片，无需用户自己寻找素材，大大地节省了用户的时间和精力，效果如图 8-18 所示。

图 8-18　效果展示

下面介绍具体的操作方法。

STEP 01 进入"图片生成"页面，输入关于美食摄影的提示词；设置"精细度"为 10，"图片比例"为 1∶1，如图 8-19 所示。

图 8-19　设置图像信息

STEP 02 单击"立即生成"按钮，即可生成 4 张效果图，如图 8-20 所示。单击相应的图片，可以查看大图效果。

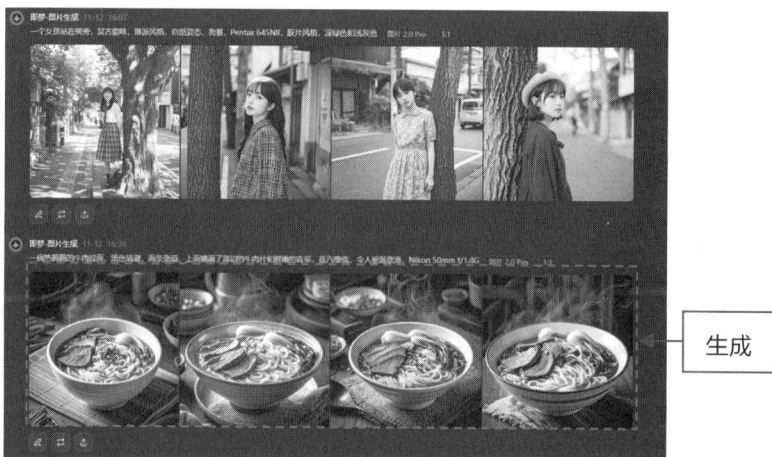

图 8-20　生成 4 张效果图

第 9 章

视频生成：可灵 AI 办公的高效应用

在数字化时代，视频已成为信息传递的重要媒介。本章将深入探讨如何利用先进的 AI 视频生成技术激发创意，助力创作者快速地创作出内容丰富、清晰美观的视频。

可灵 AI 是一款功能强大、操作便捷的人工智能视频生成工具，具有广泛的应用场景和显著的优势。首先，向大家介绍一下可灵 AI 的首页组成，如图 9-1 所示，帮助大家快速了解可灵 AI 的操作页面。

图 9-1　可灵 AI 的首页组成

9.1　生　成　技　巧

在视频生成的广阔天地里，掌握高效的生成技巧是通往创意无限的关键。本节将带领读者深入探索如何利用可灵 AI 的先进功能，让视频创作变得既快捷又富有创意，助力内容创作者提高工作效率。

9.1.1　设置提示词

可灵 AI 以其简洁直观的操作界面和强大的 AI 算法，为用户提供了一种全新的视频创作体验。不同于传统的视频制作流程，用户只需通过简单的文字描述(即提示词)，就能激发 AI 的创造力，生成一条条引人入胜的视频内容。

在这个创新的过程中，提示词扮演着至关重要的角色。提示词不仅是视频内容的蓝图，更是 AI 理解用户意图和创作方向的关键。提示词的准确性、创造性和情感表达，直接影响着视频的质量和感染力。因此，用户在输入提示词时，应该尽量清晰、具体，同时富有想象力，以便 AI 能够生成符合要求的视频内容，效果如图 9-2 所示。

图 9-2　设置提示词后的视频效果

下面为大家介绍在可灵 AI 中设置提示词从而生成视频的具体操作步骤。

STEP 01 进入可灵 AI 的首页，单击"AI 视频"按钮，如图 9-3 所示。

图 9-3　单击"AI 视频"按钮

STEP 02 进入"文生视频"页面，在"创意描述"文本框中输入提示词，如图 9-4 所示，对主体信息进行描述。

STEP 03 滚动鼠标滚轮，设置视频生成的参数；单击"立即生成"按钮，如图 9-5 所示。

图 9-4　在"创意描述"输入框中文本提示词 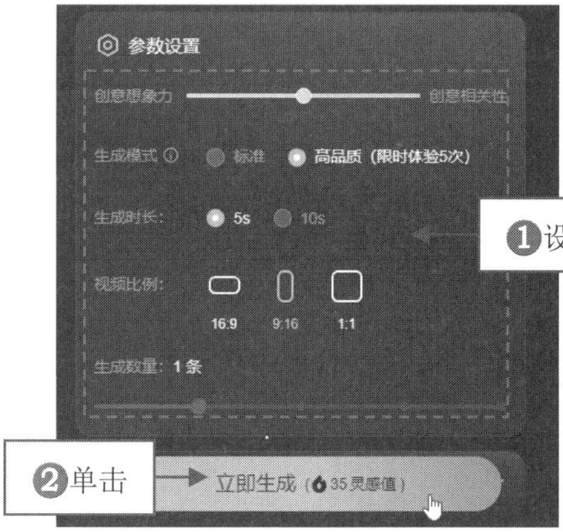　　图 9-5　单击"立即生成"按钮

STEP 04 执行操作后，即可根据输入的提示词和设置的参数生成一条相关的视频，如图 9-6 所示。

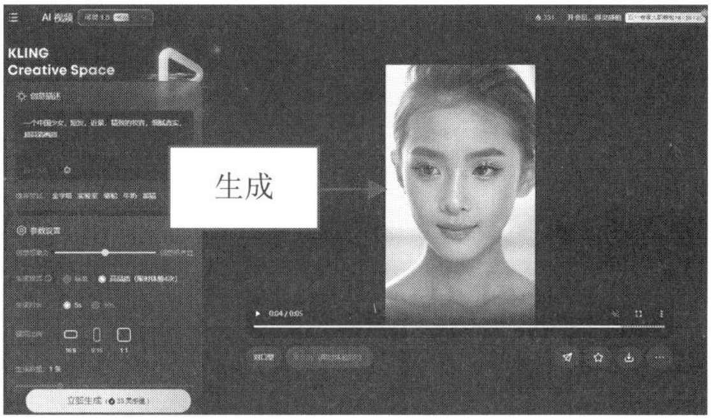

图 9-6　生成一条相关的视频

9.1.2　设置运镜方式

在可灵 AI 中生成视频时，如果不设置运镜方式，可灵 AI 将根据提示词随机选择运镜方式生成视频。如果用户要想生成特定运镜方式的视频，则需要对运镜方式进行设置。设置后的视频效果如图 9-7 所示。

图 9-7　设置运镜方式后的视频效果

下面以水平运镜的设置为例，向大家介绍在可灵 AI 中设置水平运镜方式以生成视频的具体操作步骤。

STEP 01 进入可灵 AI 的"文生视频"页面，在"运镜控制"板块中单击"运镜方式"右侧的 ∨ 按钮，如图 9-8 所示。

STEP 02 在弹出的列表框中选择"水平运镜"选项，如图 9-9 所示。

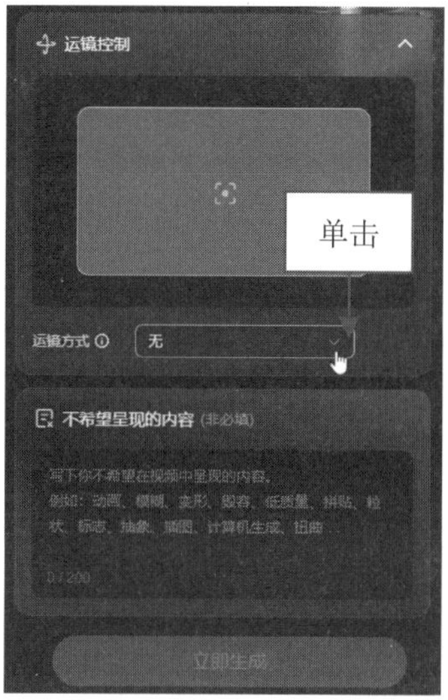

图 9-8　单击 ∨ 按钮

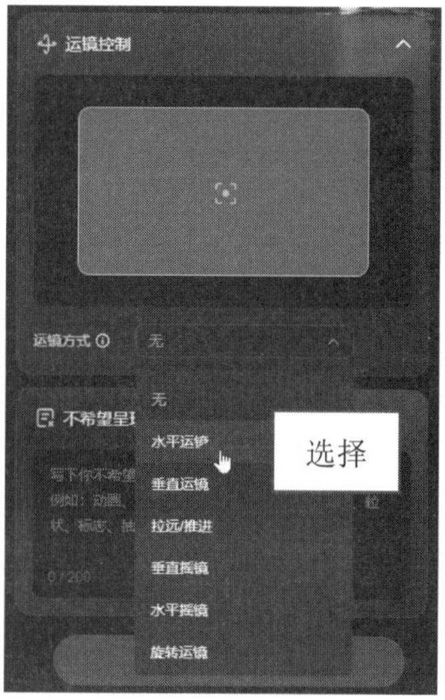

图 9-9　选择"水平运镜"选项

STEP 03 执行操作后，如果"运镜控制"板块中显示了水平运镜的相关信息，就说明运镜方式选择成功了，如图 9-10 所示。

STEP 04 根据自身情况调整水平运镜的参数，如图 9-11 所示，即可完成水平运镜的设置。

专家提醒

运镜信息设置完成后，如果用户想要重新调整运镜的强度，可以单击"重置"按钮，直接将运镜的参数归零。需要注意的是，单击"重置"按钮只能调整运镜的参数，而不能清除或更换运镜方式。如果用户想要清除或更换运镜方式，需要执行本小节中的操作，重新设置运镜方式。

STEP 05 输入提示词；设置视频的生成信息；单击"立即生成"按钮，如图 9-12 所示，进行视频的生成。

STEP 06 执行操作后，即可根据输入的提示词和设置的信息，生成一条水平运镜的视频，如图 9-13 所示。

图 9-10　水平运镜方式选择成功

图 9-11　调整水平运镜的参数

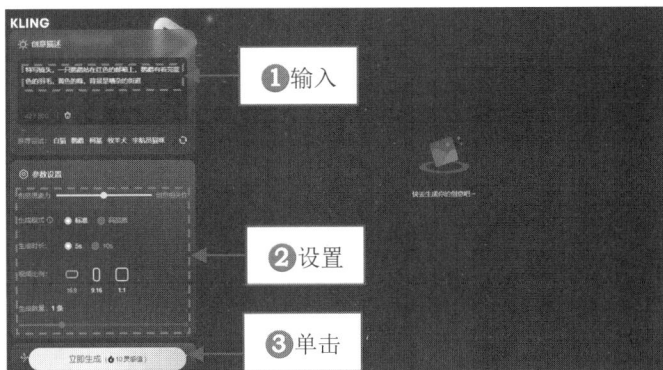

图 9-12　单击"立即生成"按钮

图 9-13　生成一条水平运镜的视频

9.1.3 用单图生成视频

单图直接生成视频是一种高效的 AI 视频生成技术，它允许用户仅通过一张静态图片迅速生成视频内容。这种方法非常适合需要快速制作动态视觉效果的场合，无论是社交媒体的视频，还是在线广告的快速展示，都能轻松实现。可灵 AI 用单图直接生成的视频效果如图 9-14 所示。

图 9-14 可灵 AI 用单图直接生成的视频效果

下面为大家介绍在可灵 AI 中使用单图直接生成视频的具体操作步骤。

STEP 01 进入可灵 AI 的"文生视频"页面，单击"图生视频"按钮，如图 9-15 所示，进行页面的切换。

STEP 02 进入"图生视频"页面，单击"图片及创意描述"板块中的"点击/拖曳/粘贴"按钮，如图 9-16 所示，选择图片素材的上传方式。

STEP 03 弹出"打开"对话框，在该对话框中选择需要上传的图片素材；单击"打开"按钮，如图 9-17 所示，确定上传该图片素材。

STEP 04 执行操作后，如果"图片及创意描述"板块中显示了刚才选择的图片素材，就说明该图片素材上传成功了，如图 9-18 所示。

STEP 05 在"图生视频"页面中设置视频的生成信息；单击"立即生成"按钮，如图 9-19 所示，进行视频的生成。

图 9-15　单击"图生视频"按钮

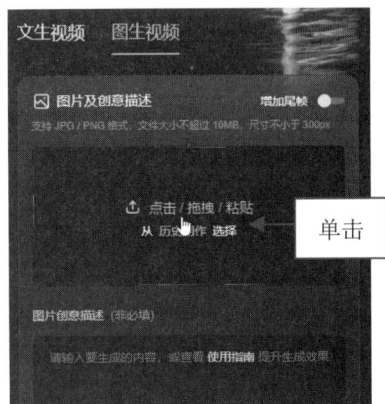

图 9-16　单击"点击/拖曳/粘贴"按钮

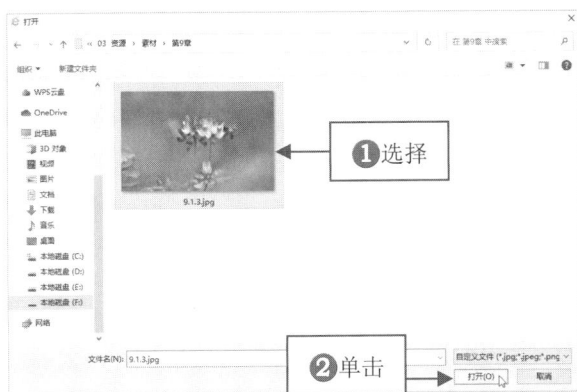

图 9-17　单击"打开"按钮

图 9-18　图片素材上传成功

图 9-19　单击"立即生成"按钮

STEP 06 执行操作后，即可根据上传的图片和设置的信息生成一条视频，如图 9-20 所示。

图 9-20　生成一条视频

9.2　应 用 案 例

本节通过"沙滩散步的柯基"和"风中摇曳的花朵"这两个生动、具体的案例，帮助读者快速掌握使用可灵生成创意视频的方法。

9.2.1　沙滩散步的柯基

在使用可灵 AI 的"文生视频"功能制作视频时，用户可以充分发挥可灵 AI 的想象力，生成具有创意的视频效果。图 9-21 所示为使用可灵 AI 制作的"沙滩散步的柯基"视频效果。

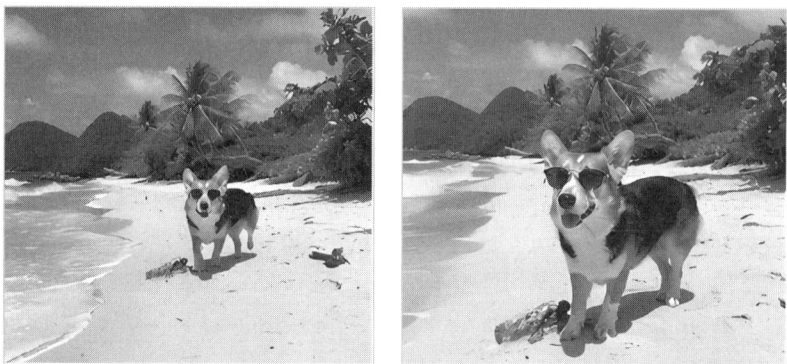

图 9-21　使用可灵 AI 制作的"沙滩散步的柯基"视频效果

下面为大家介绍制作"沙滩散步的柯基"视频效果的具体操作步骤。

STEP 01 进入可灵 AI 的"文生视频"页面，在"创意描述"文本框中输入提示词，如图 9-22 所示，对视频内容进行描述。

STEP 02 滚动鼠标滚轮，在"参数设置"板块中设置视频的各项参数，如图 9-23 所示。

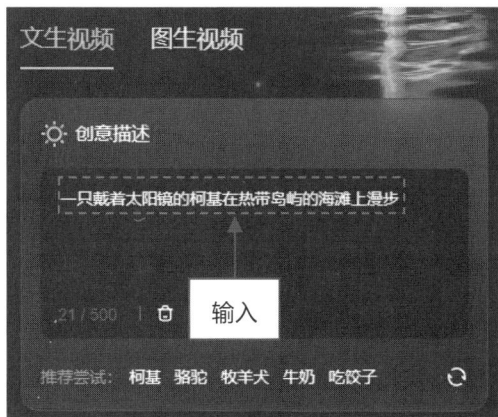

图 9-22 输入提示词

图 9-23 设置视频的各项参数

STEP 03 再次滚动鼠标滚轮，在"运镜控制"板块中设置视频的运镜信息，如图 9-24 所示。

STEP 04 单击"文生视频"页面左下方的"立即生成"按钮，如图 9-25 所示，进行视频的生成。

图 9-24 设置视频的运镜信息

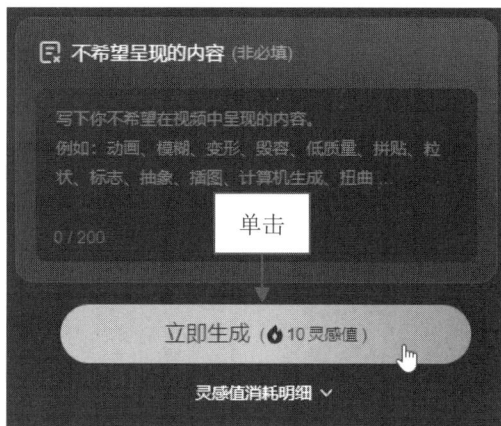

图 9-25 单击"立即生成"按钮

STEP 05 执行操作后，即可根据输入的提示词和设置的各项信息生成一条相关的视频，如图 9-26 所示。

图 9-26　生成一条相关的视频

9.2.2　风中摇曳的花朵

图文结合实现图生视频是一种更综合的创作方式，它不仅利用了图像的视觉元素，还结合提示词增强了视频的叙事性和表现力。这为用户提供了更大的创作自由度，使他们能够通过文字引导 AI 生成更加丰富和更具有个性化的视频内容。图 9-27 所示为使用可灵 AI 制作的"风中摇曳的花朵"视频效果。

图 9-27　使用可灵 AI 制作的"风中摇曳的花朵"视频效果

下面为大家介绍制作"风中摇曳的花朵"视频效果的具体操作步骤。

STEP 01 进入可灵 AI 的"图生视频"页面，单击"图片及创意描述"板块中的"点击/拖曳/粘贴"按钮，如图 9-28 所示，选择图片素材的上传方式。

STEP 02 弹出"打开"对话框，选择需要上传的图片素材；单击"打开"按钮，如图 9-29 所示，确定上传该图片素材。

图 9-28 单击"点击/拖曳/粘贴"按钮

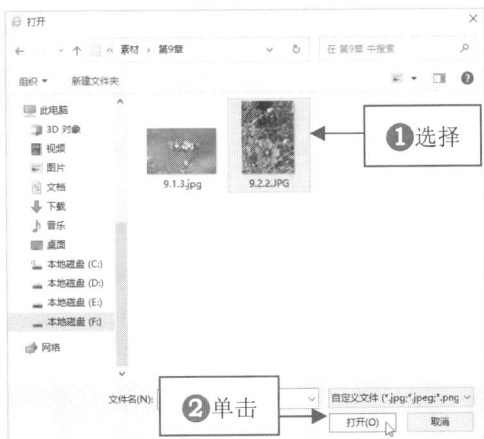

图 9-29 单击"打开"按钮

STEP 03 执行操作后，如果"图片及创意描述"板块中显示了刚才选择的图片素材，就说明该图片素材上传成功了。在"图片创意描述(非必填)"文本框中输入相关的提示词，如图 9-30 所示，对要生成的视频内容进行描述。

STEP 04 在"图生视频"页面中设置视频的生成信息；单击"立即生成"按钮，如图 9-31 所示，进行视频的生成。

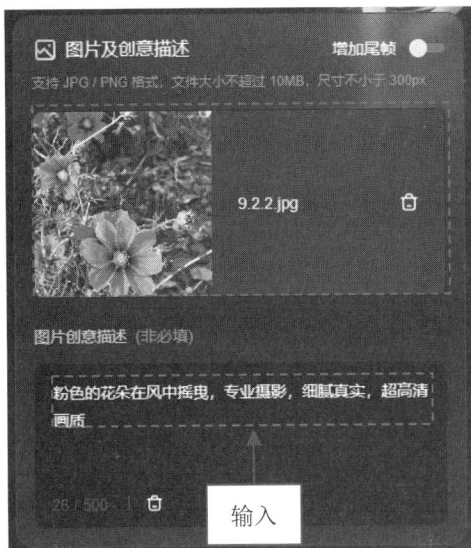

图 9-30 输入相关的提示词

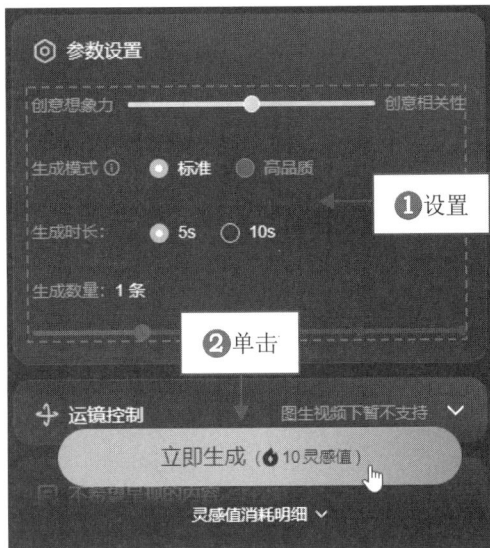

图 9-31 单击"立即生成"按钮

STEP 05 执行操作后，可灵 AI 会根据上传的图片、输入的提示词和设置的参数生成一条视频，如图 9-32 所示。

图 9-32　生成一条视频

第 10 章

视频剪辑：剪映办公的高效应用

本章专注于探索如何利用剪映这一功能强大的工具，实现视频编辑的高效与创意。从基础剪辑到高级应用，无论是素材整理、转场设计、音乐融合，还是最终视频输出，本章都将提供详细指导。通过实例演示，帮助大家学会运用剪映提升视频的质量，让作品更加生动、更加引人入胜。

剪映是一款功能全面、操作便捷且易于上手的视频编辑工具。首先，向大家介绍一下剪映的首页组成，如图 10-1 所示，帮助大家快速了解剪映的操作界面。

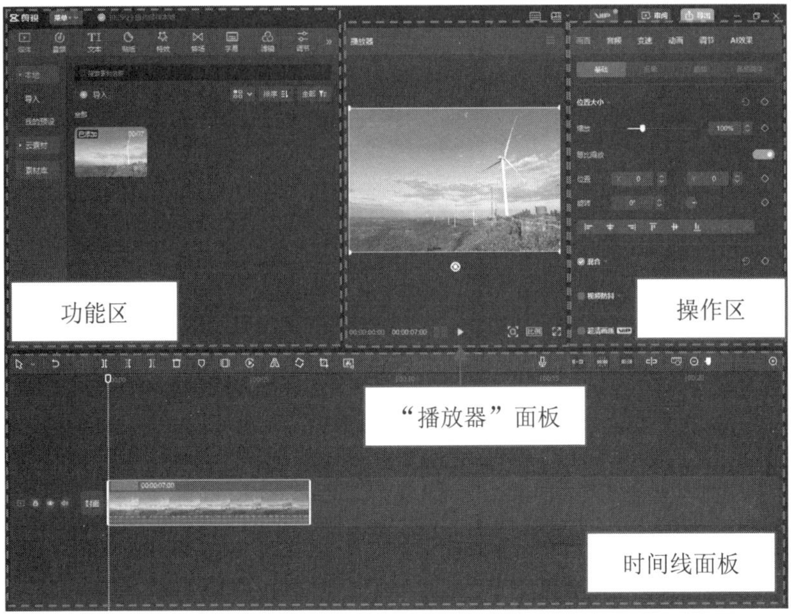

图 10-1 剪映的首页组成

10.1 剪 辑 技 巧

掌握高效的剪辑技巧是制作精美视频的关键。本节将重点讲解视频剪辑技巧，让你的视频作品脱颖而出。效果展示如图 10-2 所示。

图 10-2 效果展示

10.1.1　导入和剪辑素材

剪辑视频的第 1 步就是导入素材，用户在剪映中导入相应的素材后，即可对素材进行剪辑，选取需要的片段。下面介绍如何在剪映中导入和剪辑素材。

STEP 01 打开剪映，进入"媒体"功能区，单击"本地"选项卡中的"导入"按钮，如图 10-3 所示。

STEP 02 弹出"请选择媒体资源"对话框，全选文件夹中的视频素材；单击"打开"按钮，如图 10-4 所示。

图 10-3　单击"导入"按钮

图 10-4　单击"打开"按钮

STEP 03 执行操作后，即可将相应的素材导入"本地"选项卡中，如图 10-5 所示。

STEP 04 全选"本地"选项卡中的视频素材；单击第 1 个视频素材右下角的"添加到轨道"按钮，如图 10-6 所示，将素材添加至视频轨道中。

图 10-5　导入视频素材

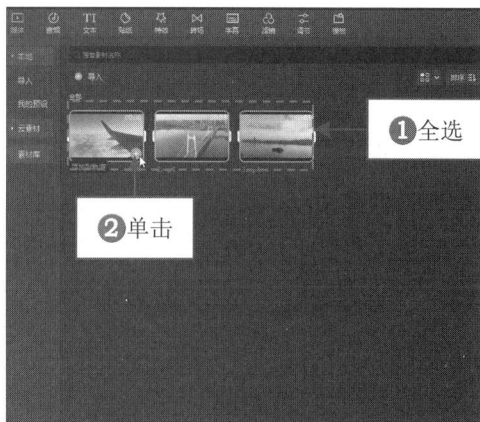

图 10-6　单击"添加到轨道"按钮

STEP 05 拖曳时间轴至 00:00:04:00 的位置；单击"分割"按钮 ❙❙，如图 10-7 所示，分割视频。

STEP 06 选择分割出的后半段视频素材；单击"删除"按钮 ▢，删除不需要的视频片段，如图 10-8 所示。

图 10-7 单击"分割"按钮

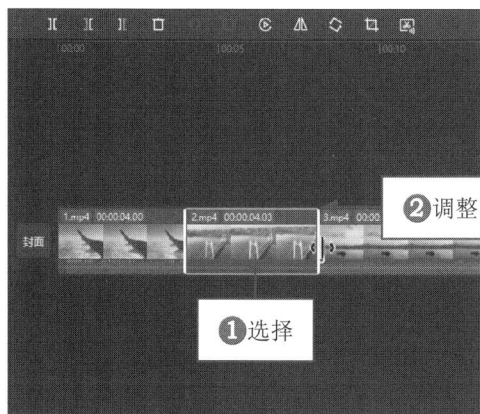

图 10-8 单击"删除"按钮

STEP 07 选择第 2 段视频素材；向左拖曳视频素材右侧的白框，调整素材的时长，如图 10-9 所示。

STEP 08 使用同样的方法调整第 3 段视频素材的时长，如图 10-10 所示。

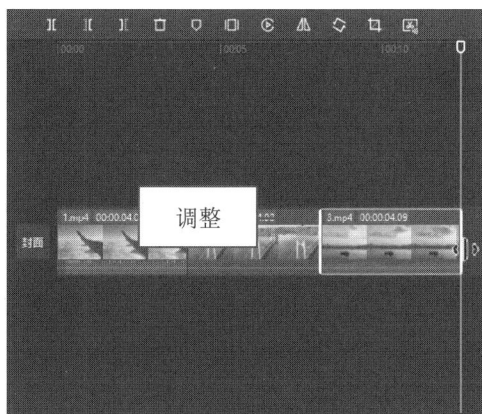

图 10-9 调整素材的时长

图 10-10 调整第 3 段视频素材的时长

10.1.2 添加转场

为多段视频素材添加合适的转场，不仅能使视频的切换更流畅，还能为视频增加趣味性。用户在使用转场效果时，要注意保持前后画面的连续性。下面介绍在剪映中添加转场的操作方法。

STEP 01 接上一例继续操作，拖曳时间轴至第 1 段的结束位置，如图 10-11 所示。

STEP 02 单击"转场"按钮，进入"转场"功能区；切换至"叠化"选项卡，如图 10-12 所示。

图 10-11　拖曳时间轴至相应位置

图 10-12　切换至"叠化"选项卡

STEP 03 单击"水墨"转场右下角的"添加到轨道"按钮➕，如图 10-13 所示，在第 1 段和第 2 段素材之间添加"水墨"转场。

STEP 04 使用同样的方法，在其他视频素材之间添加相应的转场，如图 10-14 所示。

图 10-13　单击"添加到轨道"按钮

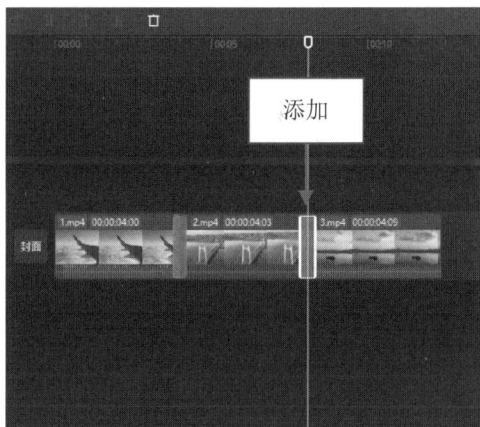

图 10-14　添加相应的转场

10.1.3　添加背景音乐

　　贴合视频的背景音乐能为视频增加记忆点和亮点。下面介绍在剪映中添加背景音乐的操作方法。

　　STEP 01　接上一例继续操作，拖曳时间轴至视频起始位置，单击"音频"按钮；切换至"音频提取"选项卡；单击"导入"按钮，如图 10-15 所示。

　　STEP 02　弹出"请选择媒体资源"对话框，选择相应的视频；单击"打开"按钮，如图 10-16 所示。

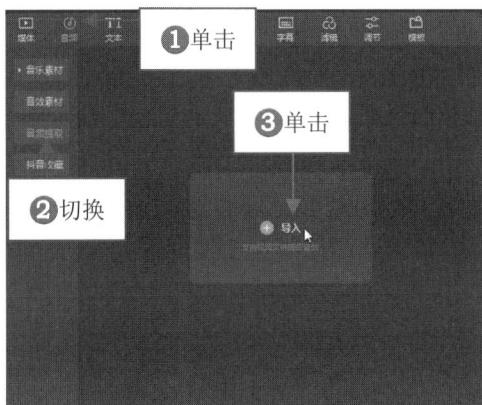

图 10-15　单击"导入"按钮

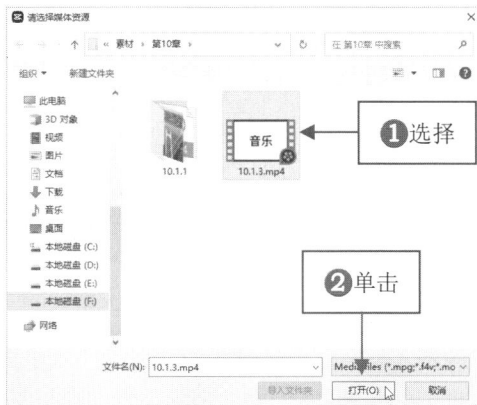

图 10-16　单击"打开"按钮

　　STEP 03　执行操作后，即可提取视频中的音频。单击音频右下角的"添加到轨道"按钮 🞣，如图 10-17 所示，将音频添加到轨道中。

　　STEP 04　调整音频的时长，使其对齐视频结束的位置，如图 10-18 所示。

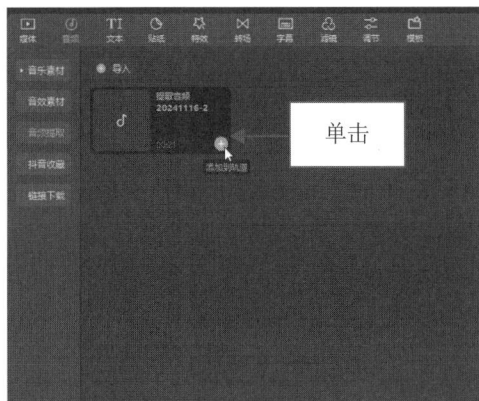

图 10-17　单击"添加到轨道"按钮 🞣

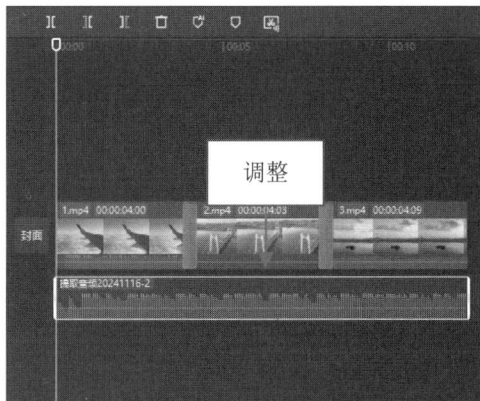

图 10-18　调整音频的时长

10.1.4　导出视频

视频剪辑完成后，即可导出视频。在导出时，可以对视频的名称、保存位置等参数进行设置。下面介绍在剪映中导出视频的操作方法。

STEP 01 接上一例继续操作，单击界面右上角的"导出"按钮，如图 10-19 所示。

STEP 02 弹出"导出"对话框，修改作品的名称；单击"导出至"右侧的■按钮，如图 10-20 所示。

图 10-19　单击"导出"按钮

图 10-20　单击相应的按钮

STEP 03 弹出"请选择导出路径"对话框，选择相应的保存路径；单击"选择文件夹"按钮，如图 10-21 所示。

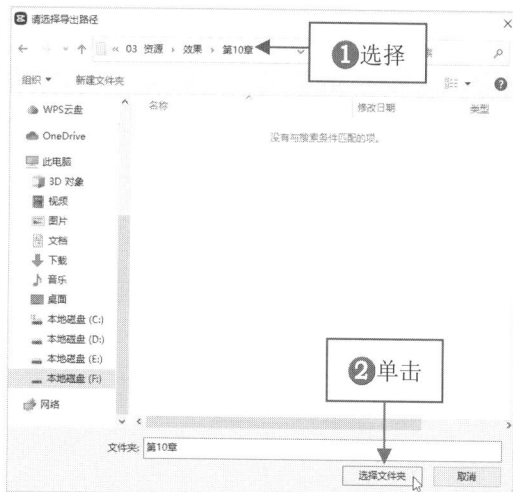

图 10-21　单击"选择文件夹"按钮

STEP 04 返回到"导出"对话框，单击"导出"按钮，如图 10-22 所示，即可导出制作好的视频。

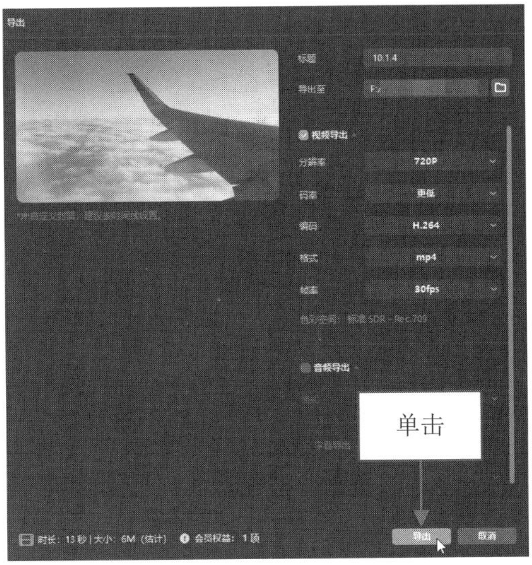

图 10-22　单击"导出"按钮

10.2　应用案例

本节将为大家直观地展示剪映在视频剪辑中的实际应用。通过一系列精心挑选的案例，我们将带领大家亲眼见证剪映如何将普通素材转化为引人入胜的视觉作品。无论是捕捉城市风貌的壮丽瞬间，还是记录自然景色的微妙变化，剪映都能以其强大的功能和灵活的创意空间，为视频创作者提供无限可能。

10.2.1　城市落日

用户可以使用剪映对拍摄的视频素材进行剪辑，无论是为其添加转场还是背景音乐，剪映都能轻松应对。图 10-23 所示为"城市落日"视频效果。

下面介绍在剪映中剪辑"城市落日"视频素材的操作方法。

STEP 01 打开剪映，进入"媒体"功能区，单击"本地"选项卡中的"导入"按钮，如图 10-24 所示。

STEP 02 弹出"请选择媒体资源"对话框，选择文件夹中的视频素材；单击"打开"按钮，如图 10-25 所示。

STEP 03 执行操作后，即可将相应的素材导入"本地"选项卡中，如图 10-26 所示。

STEP 04 单击视频素材右下角的"添加到轨道"按钮➕，如图 10-27 所示，将素材添加到视频轨道中。

图 10-23　效果展示

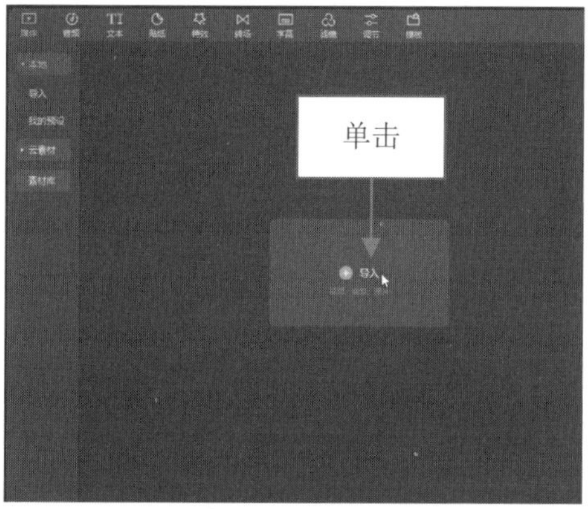

图 10-24　单击"导入"按钮

图 10-25　单击"打开"按钮

图 10-26　导入视频素材

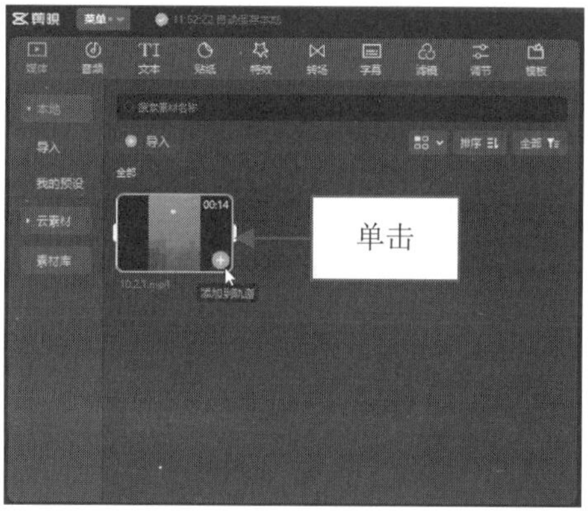

图 10-27　单击"添加到轨道"按钮

STEP 05 拖曳时间轴至视频起始位置，单击"音频"按钮；在"音乐素材"选项区中选择一个合适的素材；单击"添加到轨道"按钮，如图 10-28 所示。

STEP 06 执行操作后，即可添加相应的音频，调整音频的时长，使其对齐视频结束的位置，如图 10-29 所示。

图 10-28 单击"添加到轨道"按钮

图 10-29 调整音频的时长

STEP 07 单击界面右上角的"导出"按钮，如图 10-30 所示。

STEP 08 弹出"导出"对话框，修改作品的标题；单击"导出"按钮，如图 10-31 所示，即可导出视频。

图 10-30 单击"导出"按钮

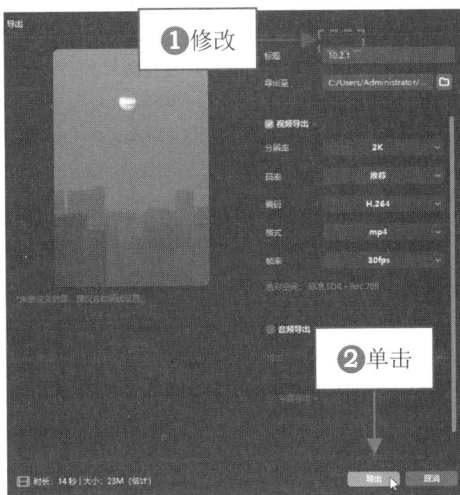

图 10-31 单击"导出"按钮

10.2.2　云卷云舒

在剪映中，用户可以一次性上传多个视频，将它们添加到视频轨道中进行剪辑，合成一个视频效果。图 10-32 所示为"云卷云舒"视频的效果。

图 10-32　效果展示

下面介绍在剪映中剪辑"云卷云舒"视频素材的操作方法。

STEP 01 打开剪映，进入"媒体"功能区，单击"本地"选项卡中的"导入"按钮，如图 10-33 所示。

STEP 02 弹出"请选择媒体资源"对话框，选中文件夹中的全部视频素材；单击"打开"按钮，如图 10-34 所示。

图 10-33　单击"导入"按钮

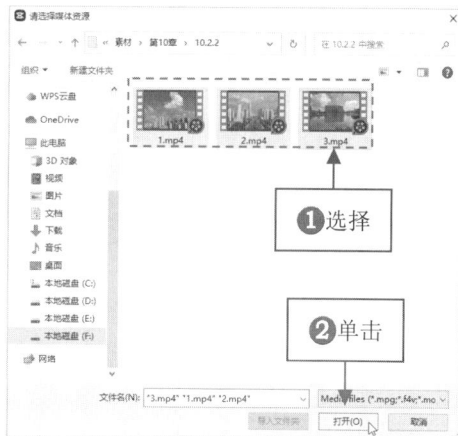

图 10-34　单击"打开"按钮

STEP 03 执行操作后，即可将相应的素材导入"本地"选项卡中，如图 10-35 所示。

STEP 04 全选"本地"选项卡中的视频素材；单击第 1 个视频素材右下角的"添加到轨道"按钮➕，将素材添加到视频轨道中，如图 10-36 所示。

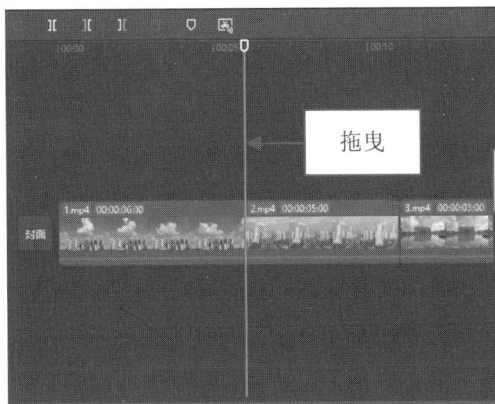

图 10-35　导入视频素材

图 10-36　单击"添加到轨道"按钮➕

STEP 05 拖曳时间轴至第 1 段视频素材的结束位置，如图 10-37 所示。

STEP 06 单击"转场"按钮，进入"转场"功能区；切换至"叠化"选项卡，如图 10-38 所示。

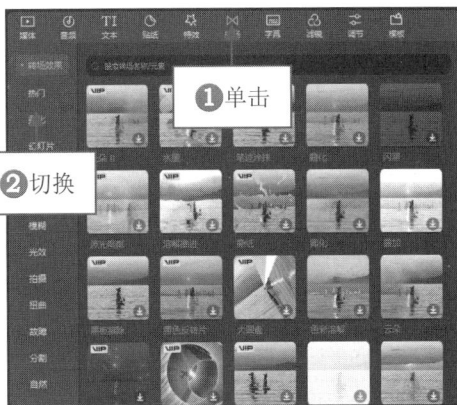

图 10-37　拖曳时间轴至相应位置

图 10-38　切换至"叠化"选项卡

STEP 07 单击"叠化"转场右下角的"添加到轨道"按钮➕，如图 10-39 所示，在第 1 段素材和第 2 段素材之间添加"叠化"转场。

STEP 08 使用同样的方法，在其他的视频素材之间添加相应的转场，如图 10-40 所示。

图 10-39　单击"添加到轨道"按钮

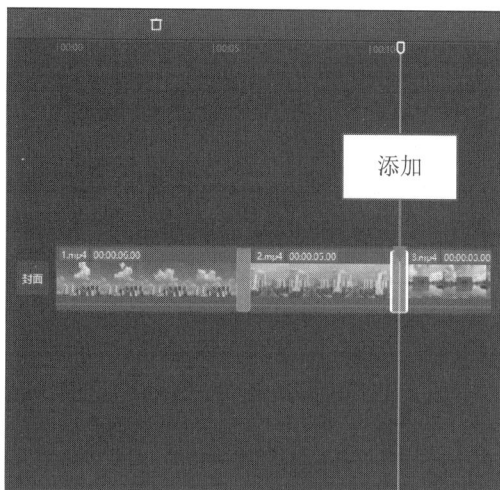

图 10-40　添加相应的转场

STEP 09　拖曳时间轴至视频素材的起始位置，单击"音频"按钮；在"音乐素材"选项区中选择一个合适的素材；单击视频素材右下角的"添加到轨道"按钮，如图 10-41 所示。

STEP 10　执行操作后，即可添加相应的音频素材。调整音频的时长，使其对齐视频素材的结束位置，如图 10-42 所示。

STEP 11　单击界面右上角的"导出"按钮，如图 10-43 所示。

STEP 12　弹出"导出"对话框，修改作品的标题；单击"导出"按钮，如图 10-44 所示，即可导出视频。

图 10-41　单击"添加到轨道"按钮

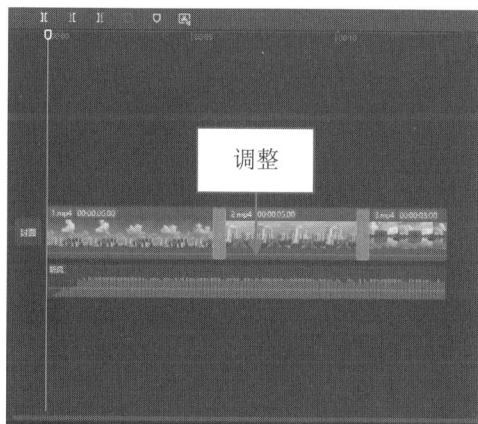

图 10-42　调整音频的时长

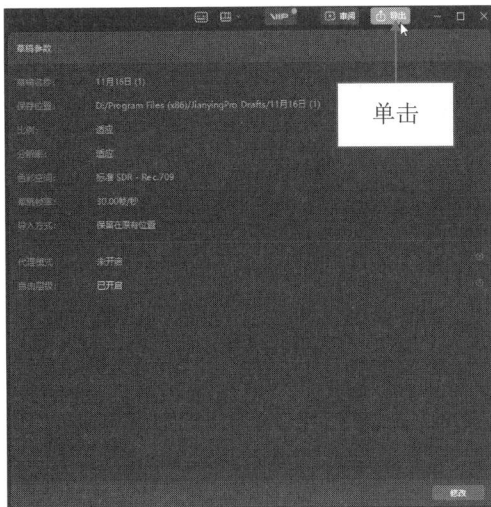

图 10-43　单击"导出"按钮

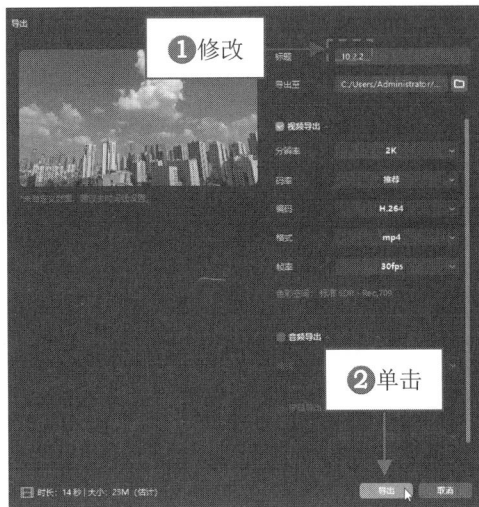

图 10-44　单击"导出"按钮

第 11 章

音乐创作：海绵音乐办公的高效应用

在当今数字化的音乐创作时代，海绵音乐以其高效便捷的功能，成为众多音乐创作者的首选。本章将重点介绍利用海绵音乐创作歌曲的技巧，并通过具体案例，帮助读者轻松创作出具有个性的歌曲。

海绵音乐是由字节跳动公司推出的一款利用人工智能技术的在线音乐创作平台，旨在帮助用户快速创作个性化的音乐作品。首先，向大家介绍一下海绵音乐的首页组成，如图 11-1 所示，帮助大家快速了解海绵音乐的操作页面。

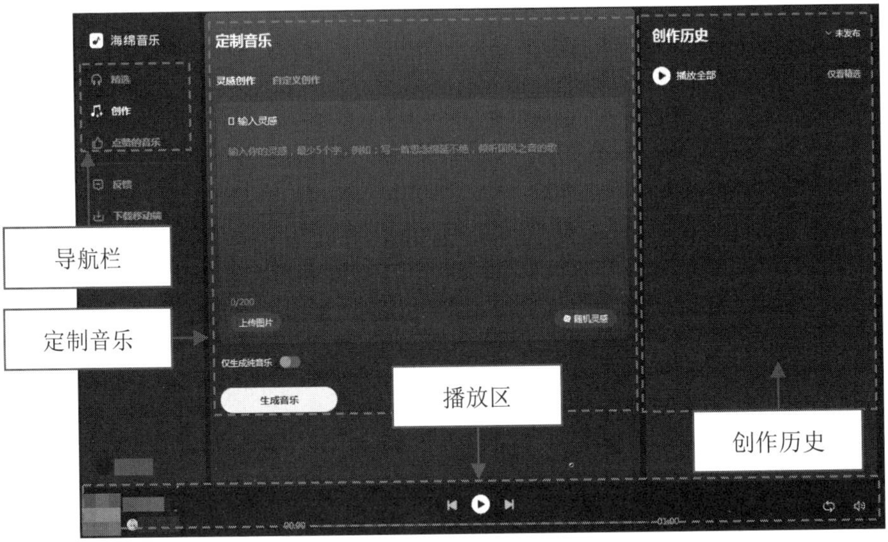

图 11-1　海绵音乐的首页组成

11.1　创 作 技 巧

在海绵音乐中，用户不仅可以通过输入文本来创作歌曲；还可以上传图片，让 AI 根据图片来创作歌曲。本节将介绍如何使用海绵音乐来创作 AI 音乐的操作技巧。

11.1.1　使用文本创作

在海绵音乐中，用户可以输入的文本包括文字灵感和歌词两类。其中，文字灵感需要包含用户对歌曲的所有要求，包括主题、风格、音色和情绪等；而歌词则需要在 500 字以内。使用文本创作的音乐视频效果如图 11-2 所示。

下面介绍输入歌词创作歌曲的操作方法。

STEP 01　登录并进入海绵音乐的"精选"页面，在左侧的导航栏中单击"创作"按钮，如图 11-3 所示，即可进入"创作"页面。

STEP 02　切换至"自定义创作"选项卡；输入歌词内容，如图 11-4 所示。

图 11-2　音乐视频效果

图 11-3　单击"创作"按钮

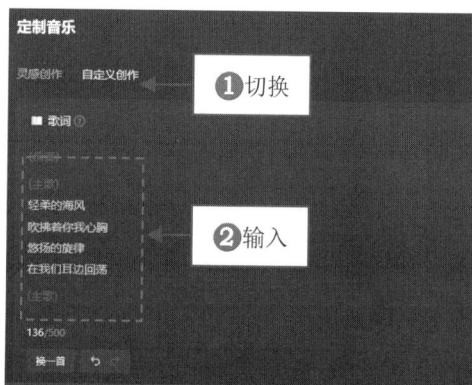

图 11-4　输入歌词内容

专家提醒

　　如果用户没有准备好歌词，可以在"灵感创作"选项卡中输入文字灵感进行生成；也可以单击图11-5中的"一键生词"按钮，让AI随机生成歌词；还可以单击"灵感生词"按钮，让AI根据要求创作歌词。

STEP 03　在"曲风"选项区中，选择"流行"选项，如图 11-6 所示，即可设置音乐的曲风。

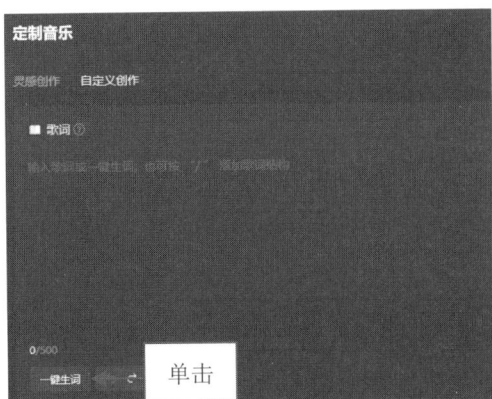

图 11-5 单击"一键生词"按钮

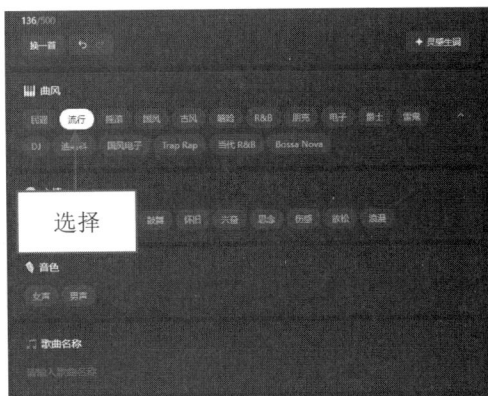

图 11-6 选择"流行"选项

STEP 04) 使用同样的方法，设置"心情"为"思念"，"音色"为"女声"；单击"生成音乐"按钮，如图 11-7 所示。

STEP 05) 执行操作后，海绵音乐会根据歌词和设置的参数生成了 3 首歌曲，将鼠标指针移至第 1 首歌曲右侧的 🗒 按钮上；在弹出的面板中单击"下载视频"按钮，如图 11-8 所示，即可将喜欢的音乐视频下载到本地文件夹中。

图 11-7 单击"生成音乐"按钮

图 11-8 单击"下载视频"按钮

11.1.2 上传图片创作

目前，海绵音乐只支持在"灵感创作"选项卡中上传图片进行创作。另外，用户上传图片后，还可以适当地输入一些文本来描述自己的需求，从而避免 AI 生成的歌曲出现跑题的情况。上传图片后创作的音乐视频效果如图 11-9 所示。

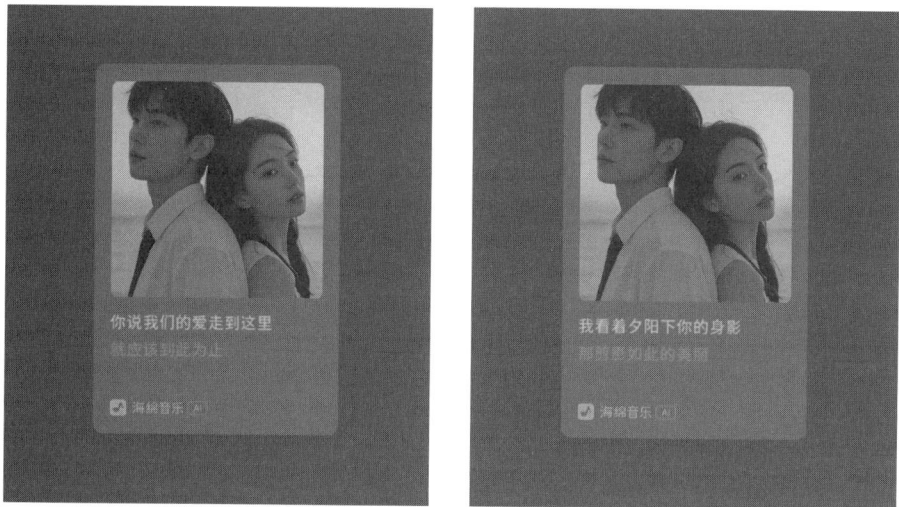

图 11-9　音乐视频效果

下面介绍上传图片创作歌曲的操作方法。

STEP 01 在"创作"页面的"灵感创作"选项卡中，单击"上传图片"按钮，如图 11-10 所示。

图 11-10　单击"上传图片"按钮

STEP 02 弹出"打开"对话框，选择图片；单击"打开"按钮，如图 11-11 所示，即可将其上传，并返回"灵感创作"选项卡。

STEP 03 在图片下方输入补充文本；单击"生成音乐"按钮，如图 11-12 所示，即可获得 AI 创作的 3 首歌曲。

STEP 04 将鼠标指针移至第 1 首歌曲右侧的 按钮上；在弹出的面板中单击"下载视频"按钮，如图 11-13 所示，即可将喜欢的音乐视频下载到本地文件夹中。

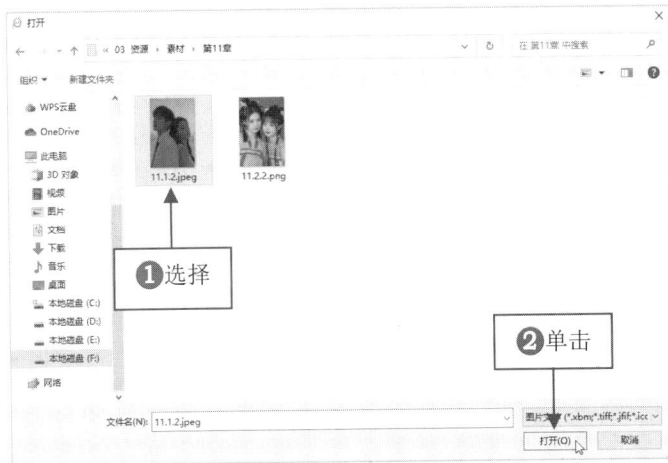

图 11-11　单击"打开"按钮

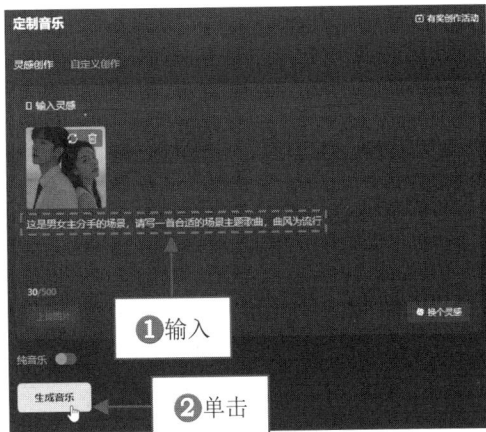

图 11-12　单击"生成音乐"按钮

图 11-13　单击"下载视频"按钮

11.2　应 用 案 例

　　本节将深入剖析海绵音乐在实际场景中的应用。通过"伤感民谣"和"抒情古风"两个具体案例的详细操作步骤讲解，我们将揭示如何利用海绵音乐，将创意转化为触动人心的旋律，助力音乐创作者进一步拓宽思路，提高创作的效率和作品的质量。

11.2.1　伤感民谣

　　伤感民谣是一种能够触动人心的音乐风格，它通过质朴的歌词和悠扬的旋律，表达出了人生的苦涩与无奈，同时也让人们在聆听的过程中找到共鸣和慰藉。图 11-14 所示为海绵音乐创作的"伤感民谣"音乐视频效果。

图 11-14 音乐视频效果

下面介绍创作"伤感民谣"音乐视频的操作方法。

STEP 01 进入海绵音乐的"精选"页面，在左侧的导航栏中单击"创作"按钮，如图 11-15 所示，即可进入"创作"页面。

STEP 02 切换至"自定义创作"选项卡；输入歌词内容，如图 11-16 所示。

图 11-15 单击"创作"按钮

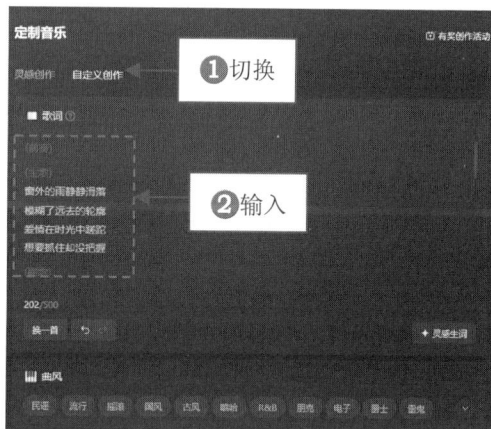

图 11-16 输入歌词内容

STEP 03 在"曲风"选项区中，选择"民谣"选项；设置"心情"为"伤感"，"音色"为"男声"；单击"生成音乐"按钮，如图 11-17 所示。

STEP 04 执行操作后，海绵音乐将会根据歌词和设置的参数生成 3 首歌曲，将鼠标指针移至第 1 首歌曲右侧的📝按钮上；在弹出的面板中单击"下载视频"按钮，如图 11-18 所示，即可将喜欢的音乐视频下载到本地文件夹中。

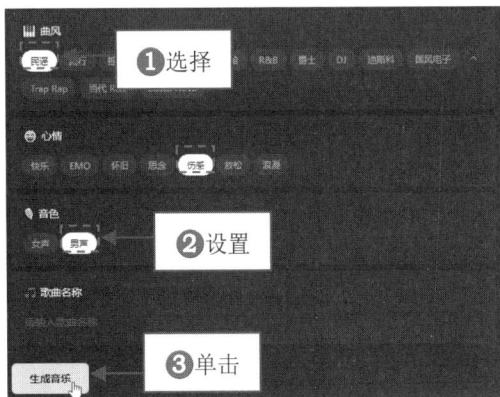

图 11-17　单击"生成音乐"按钮

图 11-18　单击"下载视频"按钮

11.2.2　抒情古风

抒情古风是一种融合了古风元素与抒情表达方式的音乐风格，它往往采用民族调式，旋律悠扬，时而缓慢抒情，时而激情澎湃。图 11-19 所示为海绵音乐创作的"抒情古风"音乐视频效果。

图 11-19　音乐视频效果

下面介绍创作"抒情古风"音乐视频的操作方法。

STEP 01 在"创作"页面的"灵感创作"选项卡中，单击"上传图片"按钮，如

图 11-20 所示。

STEP 02 弹出"打开"对话框，选择图片；单击"打开"按钮，如图 11-21 所示，即可将其上传，并返回"灵感创作"选项卡。

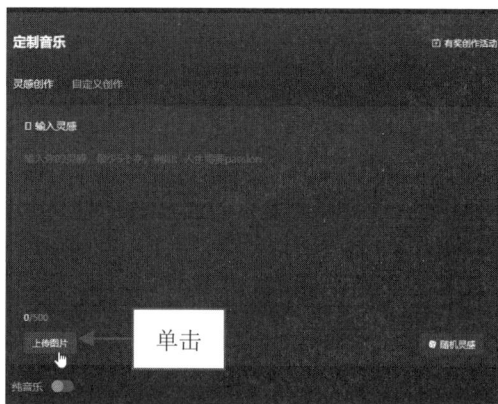

图 11-20 单击"上传图片"按钮 　　　　　图 11-21 单击"打开"按钮

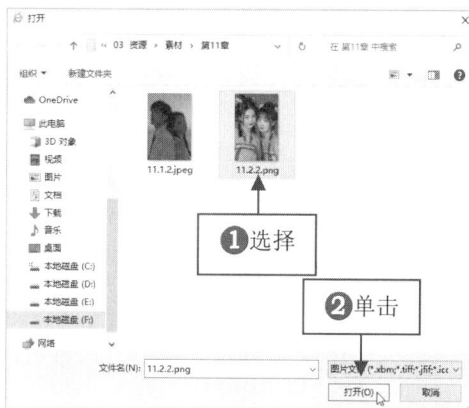

STEP 03 在图片下方输入补充文本；单击"生成音乐"按钮，如图 11-22 所示，即可获得 AI 创作的 3 首歌曲。

STEP 04 将鼠标指针移至第 1 首歌曲右侧的 按钮上；在弹出的面板中单击"下载视频"按钮，如图 11-23 所示，即可将喜欢的音乐视频下载到本地文件夹中。

图 11-22 单击"生成音乐"按钮 　　　　　图 11-23 单击"下载视频"按钮

第 12 章

行政人力：Kimi 办公的高效应用

在当今快节奏的工作环境中，行政人力的高效办公成为企业竞争力的重要一环。本章以 Kimi 的办公实践为例，深入探讨了行政人员如何运用现代技术和策略提升工作效率。

　　Kimi 是由北京月之暗面科技有限公司推出的智能助手，它采用深度学习技术，特别是神经网络，来处理复杂的自然语言任务。通过构建多层神经网络，Kimi 能够识别并理解自然语言中的语义、语法和上下文信息。首先，向大家介绍一下 Kimi 的首页组成，如图 12-1 所示，帮助大家快速了解 Kimi 的操作页面。

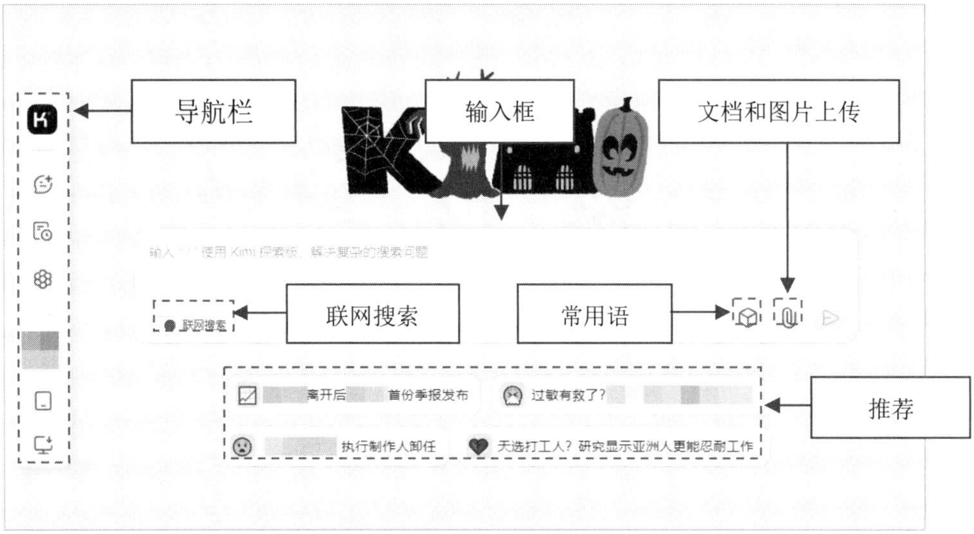

图 12-1　Kimi 的首页组成

12.1　操 作 技 巧

　　Kimi 能够理解和回应用户的自然语言问题，无论是日常对话还是专业知识，都能提供相应的回答，而且可以满足多语言用户的需求。本节主要介绍 Kimi 的常用操作技巧，帮助用户在日常办公中提高效率。

12.1.1　开启新会话

　　用户可以在 Kimi 中开启多个会话，并随意提出各种问题，Kimi 将快速度回复。Kimi 回答问题的方式非常灵活，能够根据上下文进行合理的假设，即使是一些棘手的谜题或脑筋急转弯，也能轻松应对。下面介绍在 Kimi 中开启新会话的操作方法。

　　STEP 01 在 Kimi 左侧的导航栏中，单击"开启新会话"按钮🗨，如图 12-2 所示。

　　STEP 02 执行操作后，即可开启一个新的会话页面，在下方的输入框中输入相应的提示词，用于指导 AI 生成特定的内容，如图 12-3 所示。

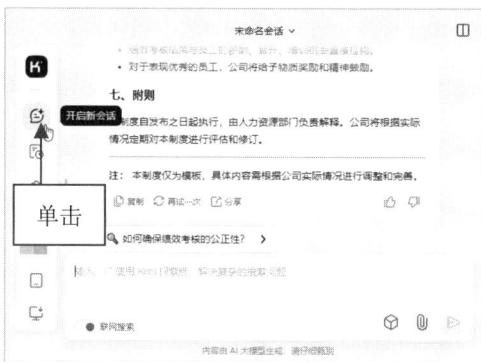

图 12-2　单击"开启新会话"按钮

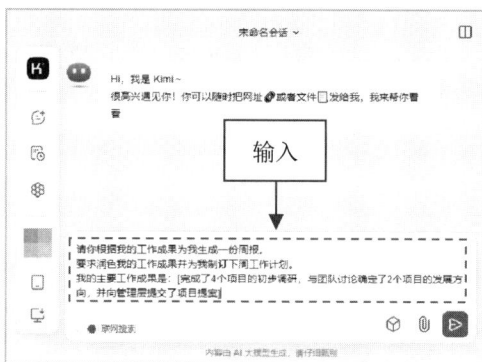

图 12-3　输入相应的提示词

STEP 03 单击▷按钮或按 Enter 键确认，即可将提示词发送给 Kimi，Kimi 会根据要求生成所需的内容。相关提示词和回复内容如下。

提示词

请你根据我的工作成果为我生成一份周报。

要求润色我的工作成果并为我制订下周工作计划。

我的主要工作成果是：[完成了 4 个项目的初步调研，与团队讨论确定了 2 个项目的发展方向，并向管理层提交了项目提案]

Kimi

周报

一、本周工作总结

尊敬的团队成员：

本周，我们团队取得了显著的进展，特别是在项目管理和战略规划方面。以下是本周的主要工作成果。

1. 项目初步调研： 本周，我们成功地完成了 4 个项目的初步调研。这一阶段的工作不仅涉及对项目背景的深入理解，还包括对市场需求、潜在风险和预期收益的全面分析。通过这一过程，我们为项目的后续发展奠定了坚实的基础。

2. 项目发展方向确定： 在与团队成员的紧密合作和深入讨论后，我们确定了 2 个项目的发展方向。这一决策过程体现了团队的协作精神和集体智慧，确保了我们的项目能够朝着最有利于公司和客户的方向前进。

3. 项目提案提交： 最值得骄傲的是，我们向管理层提交了精心准备的项目提案。这些提案不仅展示了我们对项目的深刻理解，也体现了我们对公司战略目标的忠诚和对客户承诺的坚守。

二、下周工作计划

展望未来一周，我们将继续在项目管理和团队协作方面发力，以下是下周的工作计划。

1. 项目详细规划：针对已确定发展方向的 2 个项目，我们将开始制定详细的项目规划，其中包括项目时间表的制定、资源分配、预算规划以及风险管理策略的制定。

2. 团队协作与沟通：我们将加强团队内部的沟通与协作，确保每个成员都能及时了解项目进展，并在必要时提供支持。

······

12.1.2　使用联网搜索功能

Kimi 能够利用最新的在线数据来提供答案，这不仅提高了答复的精确度，也保证了信息的新鲜度和相关性。在处理查询任务时，Kimi 会综合考量多个信息源，从中挑选出最恰当的内容，以满足用户的查询需求。

"联网搜索"功能默认为开启状态，以便 Kimi 在生成回复时通过互联网进行搜索。用户可以单击该按钮将其关闭，关闭后 Kimi 将失去互联网的访问权限。下面介绍如何使用联网搜索功能。

STEP 01 在 Kimi 提示词输入框的左下角，保持"联网搜索"开关按钮的打开状态，如图 12-4 所示。

STEP 02 输入相应的提示词，用于指导 AI 生成特定的内容，如图 12-5 所示。

图 12-4　打开"联网搜索"开关按钮

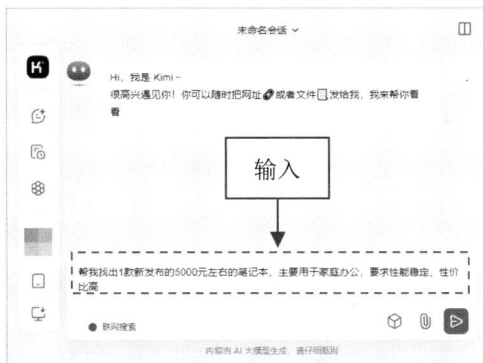

图 12-5　输入相应的提示词

STEP 03 按 Enter 键确认，Kimi 将会自动搜索并阅读多个网页，并根据搜索结果智能生成回复内容，同时页面右侧将会自动展开"网页搜索"窗口，显示对应的网页搜索结果，如图 12-6 所示。

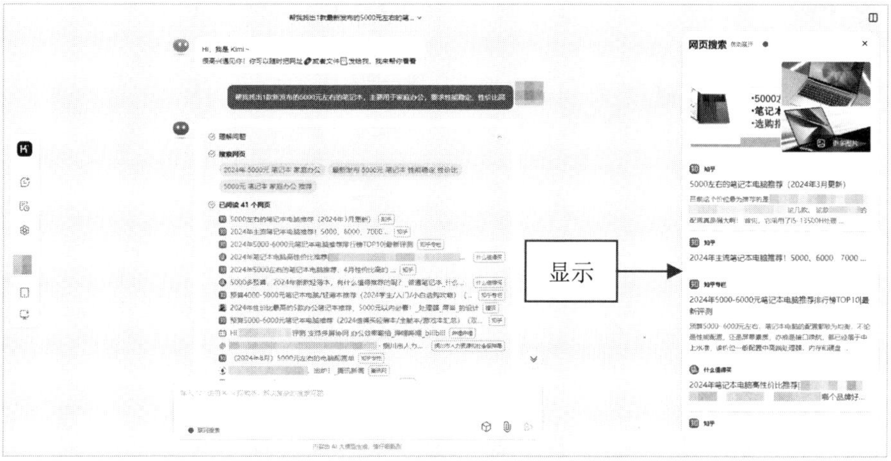

图 12-6　显示对应的网页搜索结果

STEP 04 下面是对应的提示词以及 Kimi 联网搜索生成的内容。

提示词

帮我找出一款新发布的 5000 元左右的笔记本，主要用于家庭办公，要求性能稳定、性价比高。

Kimi

根据您的需求，我为您推荐一款最新发布的、价格在 5000 元左右、适合家庭办公、性能稳定且性价比高的笔记本电脑——××14Pro。

这款笔记本搭载了××处理器和××核芯显卡，提供了强大的运算能力和图形处理性能，能够轻松应对各种密集型任务。它还配备了 32GB 内存，双通道可插拔设计，双 2280 盘位，保证了系统运行的流畅性，同时提供了足够的存储空间，满足用户对于大型文件和多任务处理的需求。

此外，××14Pro 拥有高效散热系统和长时续航电池，让用户在长时间使用中仍保持高效与便捷。接口方面也非常丰富，满足多种外设连接需求。

价格方面，××14Pro 的售价为 4999 元，非常接近您的预算，并且性能和配置都非常适合家庭办公使用。

12.1.3　删除历史会话

历史会话记录了用户与 Kimi 之间的互动，这些记录不仅可以帮助用户回顾之前的对话内容，还能为 Kimi 提供上下文信息，以便更好地理解和响应用户的需求。下面介绍在 Kimi 中删除历史会话的操作方法。

STEP 01 在左侧的导航栏中，单击"回到首页"按钮 **K**，返回 Kimi 首页，如图 12-7 所示。

STEP 02 在左侧的导航栏中，单击"历史会话"按钮 ，如图 12-8 所示。

图 12-7 单击"回到首页"按钮

图 12-8 单击"历史会话"按钮

STEP 03 执行操作后，即可显示所有的历史会话记录，单击相应的历史会话记录右侧的"删除"按钮🗑，如图 12-9 所示。

STEP 04 执行操作后，弹出"永久删除会话"对话框，单击"确认"按钮，如图 12-10 所示，即可永久删除相应的历史会话记录。

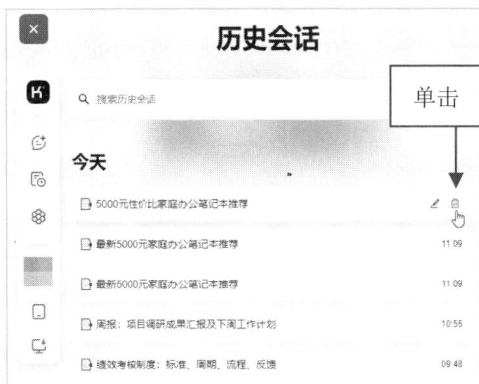

图 12-9 单击"删除"按钮

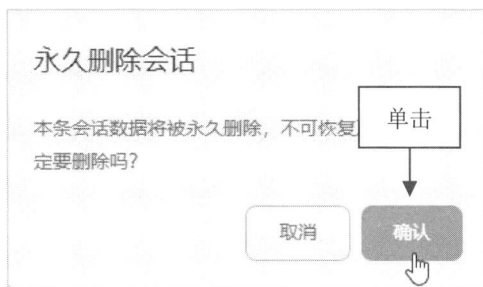

图 12-10 单击"确认"按钮

12.2 应用案例

在当今快速紧凑的工作节奏中，行政与人力资源管理面临着日益增长的挑战。例如，招聘面试、规则制定等重复性任务占据了大量的时间和精力。Kimi 采用先进的人工智能技术，凭借其强大的自然语言处理能力，正在成为提升工作效率的有效工具。它能显著减轻行政人员的负担，使他们能够更加专注于战略规划和员工体验的提升。

12.2.1　招聘启事

　　招聘启事是企业在寻找合适人才时发布的一种官方通告，它详细列出了职位的要求、职责范围、应聘条件以及申请流程等关键信息。一个好的招聘启事不仅能够准确传达岗位需求，还能体现公司的文化和价值观，吸引符合条件并且与公司愿景相匹配的求职者。

　　利用 Kimi 等人工智能技术，企业可以更加高效地创建专业的招聘启事。Kimi 可以根据职位的具体要求，自动生成清晰、准确且具有吸引力的招聘文案。无论是强调技能要求、描述职位职责，还是突出公司福利和文化特色，Kimi 都能够提供有力的支持，帮助人力资源部门节省时间，提高招聘效率。通过这种方式，企业能够更快地吸引到合适的候选人，促进人才与岗位的良好匹配。相关案例如下。

提示词

　　M 公司主营天然植物洗护产品，为了更有效地推广 MM 品牌系列洗护产品，现在正寻找 3 位广告营销专家加入我们的团队。请结合广告营销专家所需的专业技能和素质，为 M 公司撰写一份招聘启事，字数在 500 字以内。

Kimi

M 公司招聘启事：广告营销专家

　　M 公司，一家致力于天然植物洗护产品的领先企业，现诚邀 3 位广告营销专家加入我们的团队，共同推广 MM 品牌系列洗护产品。

职位要求：

1. 专业背景：拥有广告、市场营销或相关专业本科以上学历。
2. 市场洞察：能够准确把握市场趋势，对消费者的行为有深刻理解。
3. 创意思维：具备出色的创意策划能力，能够制定并执行创新的广告营销方案。
4. 沟通协调：具备优秀的沟通技巧，能够与团队成员及合作伙伴有效协作。
5. 数据分析：能够运用数据分析工具，对广告效果进行评估和优化。
6. 项目管理：具备良好的项目管理能力，确保营销活动按时按质完成。

我们提供：

1. 竞争力的薪酬和福利。
2. 广阔的职业发展空间。
3. 与一群充满激情的专业人士共事的机会。

......

12.2.2　面试问题

　　HR(Human Resources，人力资源)面试是人力资源部门在招聘过程中对求职者进行评估的重要环节，它旨在评估候选人的技能、经验和个性是否符合职位要求及公司文化。通过一系列的问题和互动，HR 面试官能够了解应聘者的背景、职业目标以及解决问题的能力，从而筛选出最适合的岗位人选。

Kimi 可以根据不同的职位要求生成有针对性的面试问题，帮助企业和求职者提前准备面试环节。无论是行为面试问题的设计，还是情景模拟的构建，Kimi 都能够提供定制化的解决方案，确保面试过程更加全面和有效，同时也有助于提升面试的标准化程度和公平性。相关案例如下。

👤 提示词

现在你是一家[数字营销]公司的面试官，你将面试[市场策划经理]岗位的候选人，请从[专业知识技能、通用能力、经验、个人特质]4 个角度出发，准备一个面试问题列表。

Ⓚ Kimi

当然，以下是针对市场策划经理岗位的面试问题列表，分别从专业知识技能、通用能力、经验、个人特质 4 个角度出发。

专业知识技能

1. 市场分析能力

(1)　请描述一下您如何进行市场趋势分析，并给出一个您成功预测市场变化并据此调整策略的案例。

(2)　您如何利用数据来指导市场策划？请举例说明。

2. 数字营销工具的掌握

(1)　您熟悉哪些数字营销工具？请谈谈您使用这些工具的经验。

(2)　描述一次您如何使用特定的数字营销工具来提高投资回报率的经历。

3. 内容营销策略

(1)　您如何规划和执行一个内容营销策略？请分享一个成功的案例。

(2)　在内容创作中，您如何确保内容与品牌信息的一致性？

……

12.2.3　公司文化

公司文化是指一个组织内部共享的价值观、信念、习惯和行为准则的总和，它体现在企业的日常运营中，影响着员工的态度和行为。良好的公司文化能够促进团队合作，激发员工的积极性和创造力，提升工作效率，并为客户提供卓越的服务体验。

另外，公司文化还是吸引和保留人才的关键因素之一，因为它能够营造一个积极健康的工作环境，让员工产生归属感和自豪感。

Kimi 能够根据企业的文化特点，生成符合企业文化调性的沟通材料。这不仅能够帮助企业更好地向员工传达公司的使命、愿景和价值观，还能够向外展示其独特的企业形象，吸引更多志同道合的人才加入。相关案例如下。

提示词

你是一家创新型科技企业的高层管理者，你需要提出 5 个[传播公司文化]的方法，旨在让内部员工深入了解公司的核心价值观、模范人物和成功案例，并激发他们的归属感和荣誉感。

Kimi

作为一家创新型科技企业的高层管理者，传播公司文化是构建团队凝聚力和推动企业发展的关键。以下是 5 种方法，旨在让内部员工深入了解公司的核心价值观、模范人物和成功案例，并激发他们的归属感和荣誉感。

1. 内部沟通平台

(1)　建立一个内部沟通平台，如内网论坛、企业微信，用于分享公司的核心价值观、最新动态、模范人物的故事和成功案例。

(2)　定期发布与公司文化相关的帖子，鼓励员工参与讨论和分享他们的看法和经验。

2. 文化培训和工作坊

(1)　定期举办文化培训和工作坊，让员工参与到公司文化的学习和讨论中。

(2)　通过角色扮演、案例分析等互动方式，让员工更深刻地理解公司的价值观和行为准则。

3. 模范人物表彰

(1)　设立"月度/年度模范员工"等奖项，表彰那些在工作中体现公司核心价值观的员工。

……

这个提示词提供了清晰的任务指引和丰富的创作素材，它不仅明确了 Kimi 需要生成的内容方向——传播公司文化，还细化了具体目标，如"5 个方法""深入了解公司的核心价值观"等，为 Kimi 的生成过程设定了框架。

另外，通过强调"模范人物和成功案例"以及"归属感和荣誉感"，提示词还激发了 Kimi 在内容创作中的情感共鸣和深度思考，有助于生成更具有感染力和影响力的公司文化传播方案。

12.2.4　行政制度

行政制度是指企业内部为了维持秩序、规范操作流程而制定的一系列规章制度，这些规则涵盖了员工的行为准则、工作流程、奖惩机制等多个方面，目的是确保组织运作的高效性和一致性。良好的行政制度不仅能够明确员工的责任和义务，还能够促进团队协作，提高工作效率，并为解决可能出现的问题提供指导。

Kimi 能够根据企业的具体需求和行业标准，生成结构化、条理清晰的行政制度文本。无论是起草新的操作指南，还是修订现有的员工手册，Kimi 都能够提供详尽的内容建议，从而为企业管理提供强有力的支持。相关案例如下。

🔲 提示词

请作为一名行政管理专家，撰写一份[绩效考核]制度，要求明确规定[员工绩效评估的标准、周期、流程、反馈机制]，并强调制度的公平性和激励作用。

🔴 Kimi

员工绩效考核制度

一、总则

为确保公司目标的实现和员工个人的职业发展，特制定本绩效考核制度。本制度旨在通过公平、公正的评估机制，激励员工提高工作效率和质量，从而促进个人与公司的共同成长。

二、绩效评估标准

1. 工作业绩

(1) 完成工作任务的数量和质量。

(2) 达成工作目标的程度。

(3) 对公司业绩的贡献。

2. 工作态度

(1) 工作积极、主动。

(2) 团队合作精神。

(3) 遵守公司规章制度的情况。

3. 工作能力

(1) 专业技能和知识水平。

......

注：本制度仅为模板，具体内容需根据公司实际情况进行调整和完善。

第 13 章

编辑出版：天工 AI 办公的高效应用

　　随着人工智能技术的飞速发展，天工 AI 正逐步成为编辑出版领域的得力助手。本章将深入探讨天工 AI 在编辑出版中的高效应用，从核心功能技巧出发，结合实际应用案例，展示其在编辑出版方面的卓越能力。

天工 AI 是一款功能强大、智能化程度高、应用广泛的 AI 搜索产品，其背后依托的是昆仑万维在 AI 领域的深厚技术积累和不断创新的精神。首先，给大家介绍一下天工 AI 的首页组成，如图 13-1 所示，帮助大家快速了解天工 AI 的操作页面。

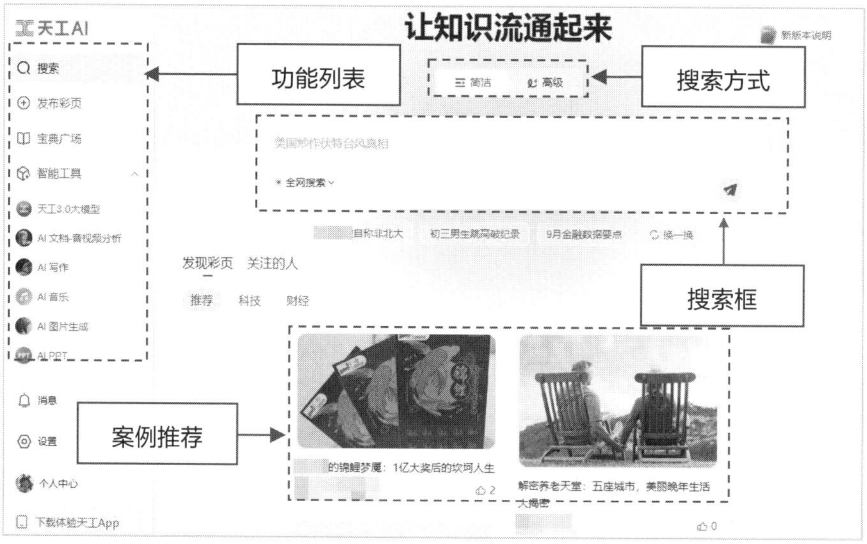

图 13-1　天工 AI 的首页组成

13.1　功 能 技 巧

天工 AI 除了基本的搜索功能外，还具备多种实用的功能，如 AI 写作、图片生成、AI 音乐等。下面主要介绍天工 AI 的常用功能，帮助大家快速创作出理想的文案、绘画以及音乐，以增强图书内容的丰富度和吸引力。

13.1.1　AI 写作

利用天工 AI，用户可以凭借输入的内容，高效产出内容，极大减轻了编辑出版人员在撰写文案时的负担。另外，天工 AI 提供了丰富的写作风格与语气选项，编辑出版人员能根据文案的具体应用场景，挑选最合适的风格，确保文案既满足个性化需求，也符合行业表达标准。下面介绍具体的操作方法。

STEP 01　在天工 AI 首页，单击"AI 写作"按钮，如图 13-2 所示。

STEP 02　执行操作后，进入"AI 写作"页面。页面底部显示一个输入框，在其中输入相应的提示词，如图 13-3 所示，指导 AI 生成特定的文案内容。

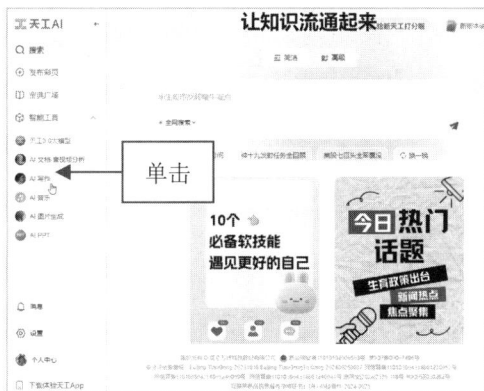

图 13-2　单击"AI 写作"按钮

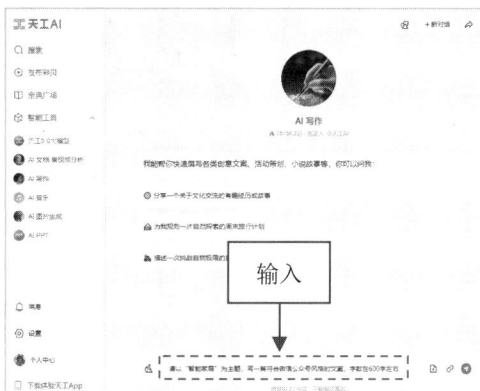

图 13-3　输入相应提示词

STEP 03 按 Enter 键确认，即可将提示词发送给天工 AI，天工 AI 会根据要求生成所需的内容。相关提示词和回复内容如下。

提示词

请以"智能家居"为主题，写一篇符合出版图书要求的文案，字数在 600 字左右。

天工 AI

《智能家居：开启未来生活新体验》

在科技日新月异的今天，智能家居正悄然走进我们的生活，如同一位贴心的智能管家，全方位地改变着我们的家居生活方式。

智能家居，简单来说，就是将家中的各种设备通过物联网技术连接在一起，实现智能化的控制与管理。从进门的那一刻起，你就能感受到它的独特魅力。智能门锁可以通过指纹、密码或者人脸识别让你轻松入户，不再需要翻找钥匙。

走进客厅，智能照明系统根据环境光线自动调整亮度，或者按照你的心情切换灯光色彩。智能电视不仅拥有高清的画质，还能理解你的语音指令，轻松为你切换到心仪的节目。空调也不再需要手动调节温度，它能感知室内的温度和湿度，自动营造最舒适的环境。

智能家居在安全方面更是表现卓越。智能摄像头可以实时监控家中的每个角落，一旦有异常情况，就会立即向你的手机发送警报。烟雾报警器和水浸传感器则能及时发现火灾隐患和漏水问题，为家庭安全保驾护航。

……

13.1.2　生成图片

天工 AI 的"AI 图片生成"功能允许编辑出版人员通过输入自然语言，快速生成高质量的图书插画，效果如图 13-4 所示。

图 13-4　效果展示

下面介绍使用天工 AI 生成图片的操作方法。

STEP 01 在天工 AI 首页，单击"AI 图片生成"按钮，如图 13-5 所示。

图 13-5　单击"AI 图片生成"按钮

STEP 02 执行操作后，进入"AI 图片生成"页面。页面底部显示一个输入框，在其中输入相应的提示词，指导 AI 生成特定的图像，如图 13-6 所示。单击"发送"按钮，即可生成一张效果图。

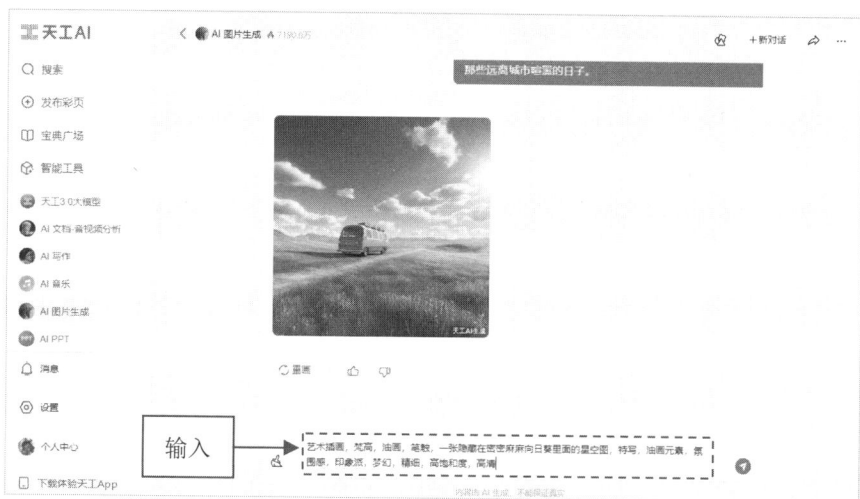

图 13-6　输入相应提示词

13.1.3　AI 音乐

　　天工 AI 的"AI 音乐"功能，在编辑出版行业中展现出了非凡的潜力。它不仅能够自动生成涵盖多种风格的音乐作品，还能紧密贴合出版物中的文本内容，实时创作与之相匹配的音乐，极大地丰富了书籍、杂志及电子出版物的视听体验。图 13-7 所示为天工 AI 生成的音乐作品。

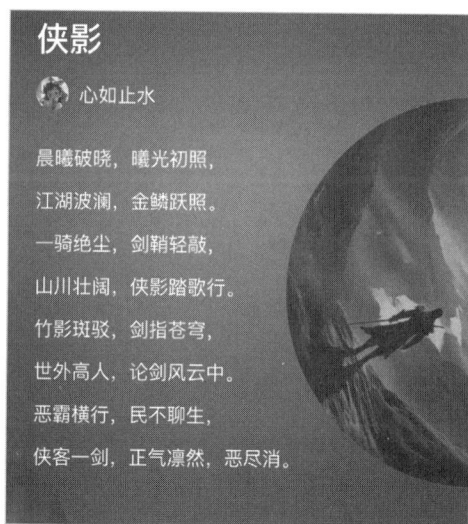

图 13-7　天工 AI 生成的音乐作品

下面介绍使用天工 AI 生成音乐的操作方法。

STEP 01 在天工 AI 首页，单击"AI 音乐"按钮，如图 13-8 所示。

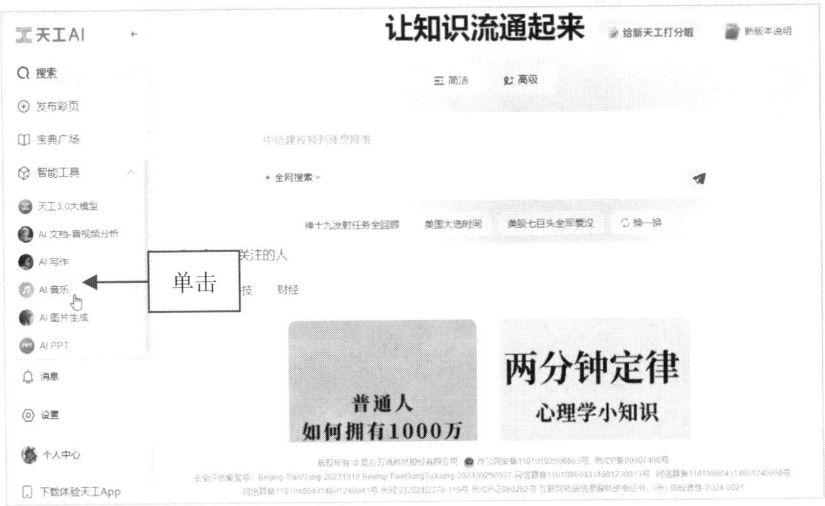

图 13-8　单击"AI 音乐"按钮

STEP 02 执行操作后，进入"发现音乐"页面，在页面右侧弹出"创作歌曲"，分别在"歌名"和"歌词"下面的输入框中输入相应提示词，如图 13-9 所示。

图 13-9　输入相应提示词

STEP 03 单击"开始创作"按钮，稍等片刻，即可生成两首歌曲，如图 13-10 所示。

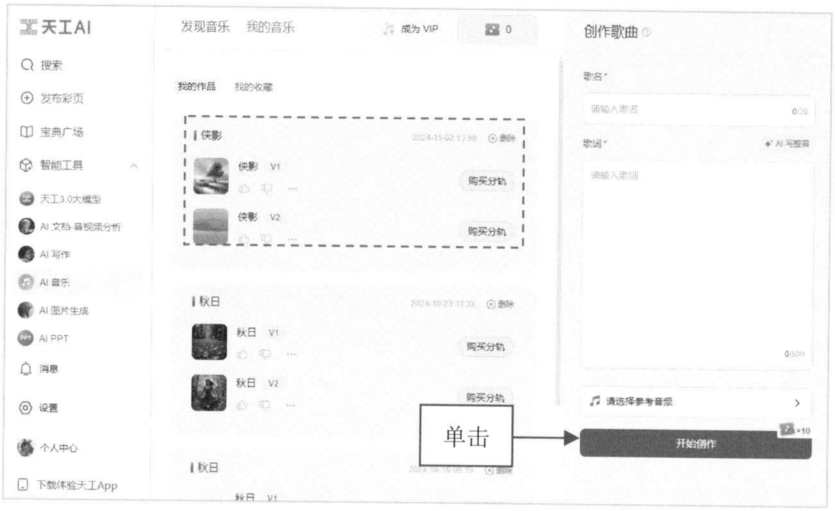

图 13-10　生成两首歌曲

13.2　应用案例

对于编辑出版行业的办公人员来说，使用天工 AI 可以显著提升编辑流程的效率和质量。通过天工 AI 这种智能助理，编辑人员不仅能够减轻工作负担，还能确保出版物的专业性和一致性，从而加速出版流程，提升出版行业的整体工作效率和市场竞争力。本节将通过一系列应用案例，展示天工 AI 在编辑出版行业中的实际作用。

13.2.1　图书资料

在图书编撰和研究工作中，高效地查找和整理资料是至关重要的一步，使用天工 AI 可以更快速、更准确地获取所需的图书资料。天工 AI 能够根据具体的研究主题和资料需求，提供从文献检索、摘要提取到资料整合的一系列支持。无论是查找学术论文、历史文献，还是归纳整理相关书籍的内容，天工 AI 都能提供精准且详实的信息。相关案例如下。

提示词

我正在研究大数据技术在金融风控领域的应用，请帮我找到最近 5 年内发表的相关学术论文，并列出每篇论文的标题、作者、发表期刊和主要结论。

天工AI

大数据技术在金融风控领域的应用

近年来，大数据技术在金融风控领域的应用取得了显著进展。以下是几篇最近 5 年内发表的相关学术论文，它们展示了如何利用大数据技术提升金融风控的效果。

1. 标题：基于大数据的金融风险预测与防范研究

作者：……

发表期刊：CSDN 博客

发表日期：2024-06-09

主要结论：

（1）大数据技术提高了金融风险预测的精确度：文章指出，大数据技术通过处理海量的金融市场交易数据、经济指标数据、新闻舆情数据等，为金融风险预测提供了丰富而多样的数据基础。通过数据挖掘和分析技术，可以从这些数据中提取有用信息，从而更精确地预测和防范金融风险。

（2）多种预测模型的应用：文中讨论了几种常见的预测模型，包括时间序列分析模型、回归分析模型和神经网络模型。这些模型通过训练大量的历史数据，提取出规律和特征，从而对未来金融风险趋势进行预测。例如，神经网络模型可以模拟人脑的工作方式，通过不断学习和优化，实现对金融风险的精准预测。

（3）在信贷风险管理中的应用：大数据技术在信贷风险管理方面也有重要应用。通过对借款人的历史信用记录、资产负债表、现金流量表等数据进行深入挖掘和分析，大数据技术能够预测借款人的偿债能力，从而有效控制信贷风险。

……

13.2.2　读者画像

在图书出版过程中，构建读者画像是确保书籍成功的关键步骤之一。使用天工 AI 可以更精准地分析目标读者群体，从而制定有效的市场推广策略。

天工 AI 能够根据书籍的内容、风格以及潜在读者的兴趣偏好，生成详细的读者画像描述。无论是文学作品、专业教材还是儿童读物，天工 AI 都能提供有针对性的读者群体分析，帮助出版商更好地理解目标市场，从而提升书籍的市场接受度和影响力。相关案例如下。

提示词

我正在策划一本旨在激发孩子创造力的手工书，请分析这本书的潜在读者群体，包括孩子的年龄段、家长对孩子兴趣培养的态度以及孩子现有的兴趣爱好。

天工AI

以下是关于这本手工书潜在读者群体的分析：

一、孩子的年龄段

1. 3～6岁

这个年龄段的孩子正处于对世界充满好奇，小手开始有一定控制能力的阶段。他们喜欢通过简单的手工活动，如折纸、粘贴画等，来探索物体的形状、颜色和质地。他们的创造力更多地体现在对直观事物的模仿和简单组合上，例如将不同颜色的彩纸粘贴成一幅画。

2. 7～10岁

这个年龄段的孩子思维更加活跃，动手能力进一步增强。他们可能对稍微复杂一些的手工制作感兴趣，像制作简单的小模型(如纸飞机模型、小纸盒房子等)。他们开始有自己的想法，可以在手工制作过程中加入自己的创意元素，比如给纸飞机模型画上独特的图案。

3. 11～14岁

随着认知能力的提升，他们对手工的要求可能更高，可能会对一些需要一定技巧和耐心的手工活动感兴趣，例如编织、木工入门等。他们的创造力表现在能够将不同的手工技巧结合起来，创造出更有个性和功能性的作品，如编织带有独特花纹的手链。

二、家长对孩子兴趣培养的态度

1. 积极支持型

……

13.2.3 图书大纲

在图书创作过程中，制定清晰详尽的图书大纲是确保书籍结构合理、内容连贯的基础，而使用天工AI可以更高效地生成高质量的图书大纲。天工AI能够根据书籍的主题、目标读者和核心内容，提供从章节划分、内容概要到关键点提炼的全面支持。

无论是撰写学术著作、小说还是专业教材，天工AI都能帮助作者构建逻辑严密、层次分明的大纲框架。通过天工AI这种智能助理，作者不仅能够提高写作的效率和质量，还能确保书籍的内容更加系统化和条理化，从而提升读者的阅读体验。相关案例如下。

提示词

你是一位情绪管理专家，正在撰写一本关于情绪管理的自助成长书籍，请根据你在情绪管理领域的丰富经验，撰写一个包含引言、情绪管理的基本原则、实用技巧、案例分析以及总结的大纲。

天工AI

以下是关于情绪管理自助成长书籍的大纲：

一、引言

1. 阐述现代社会中情绪管理的重要性

(1)　对个人身心健康的影响

(2)　对人际关系的作用

(3)　在工作和事业发展中的意义

2. 引出本书的目的：帮助读者掌握情绪管理的知识和技巧，提升生活质量

二、情绪管理的基本原则

1. 认识情绪

(1)　情绪的定义和种类

(2)　情绪产生的生理和心理机制

2. 接纳情绪

(1)　为什么要接纳情绪而不是压抑

(2)　接纳自己所有情绪(正面和负面)的重要性

……

13.2.4　内容创作

　　高质量的内容是吸引读者的关键，使用天工 AI 可以帮助作者获得从构思到成文的全方位协助。天工 AI 能够根据书籍的主题、目标读者和具体内容，提供从大纲构建、章节撰写到语言润色等一系列支持。无论是文学创作、学术研究还是专业教材编写，天工 AI 都能帮助作者提高创作效率，确保内容的连贯性和吸引力。相关案例如下。

👤 提示词

　　假设你是一位历史学家，正在撰写一本关于[著名女科学家玛丽·居里的传记]，请根据你对[玛丽·居里生平的研究]，撰写第 1 章的内容，描述[她的早年生活及其对科学的早期兴趣]。

🀄 天工AI

　　《玛丽·居里传记——第一章：早年生活与早期科学兴趣》

　　玛丽·居里于 1867 年 11 月 7 日出生在波兰华沙。她出生于一个充满文化与知识氛围的家庭，尽管当时的波兰正处于艰难的政治环境之下，被俄国统治，人民面临着诸多限制，但她的家庭为她的成长奠定了良好的基础。

　　她的父亲是一位物理教师，对科学知识有着深入的见解。在家庭环境的熏陶下，玛丽自幼便接触到了科学知识的魅力。父亲的书房犹如一座宝藏，里面摆满了各种科学书籍和仪器，玛丽小时候常常好奇地在书房里徘徊，这成为她早期接触科学的一个重要契机。

　　玛丽的母亲是一位坚强而有教养的女性，尽管家庭经济状况并不宽裕，但母亲努力操持家务，为孩子们营造了一个温暖且充满鼓励的家庭氛围。这种家庭氛围使玛丽养成了坚韧不拔的性格，这一性格特点在她日后的科学研究中起到了至关重要的作用。

　　……

第 14 章

老师教学：ChatGPT 办公的高效应用

在数字化教学日益盛行的今天，ChatGPT 以其强大的功能为老师们的办公带来了前所未有的高效体验。本章将深入探讨 ChatGPT 在教学中的应用，从实用的使用技巧到丰富的实际案例，向大家全面展示如何利用 ChatGPT 来提升教学效率。

首先，给大家介绍一下 ChatGPT 的首页组成，如图 14-1 所示，帮助大家快速了解 ChatGPT 的操作页面。

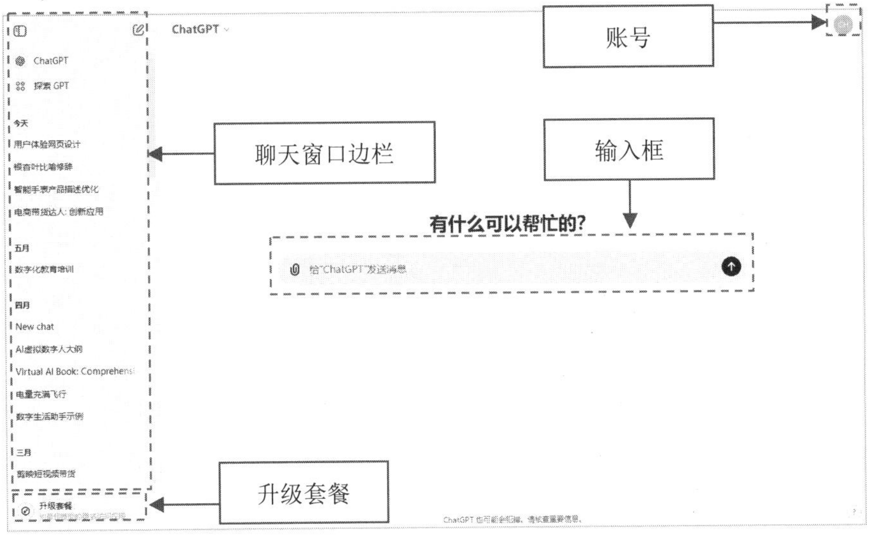

图 14-1 ChatGPT 的首页组成

14.1 使 用 技 巧

ChatGPT 是一款基于 AI 技术的聊天机器人，它可以模仿人类的语言行为，实现人机之间的自然语言交互。它具备智能问答、新建聊天窗口、关闭边栏等功能，能够针对用户的问题提出有效的解决方案，极大地提高了职场办公效率。

14.1.1 智能问答

ChatGPT 的智能问答功能是其核心特性之一，该功能基于先进的自然语言处理技术和深度学习算法，使得 ChatGPT 能够与用户进行流畅自然的对话，并提供准确、有用的回答。下面介绍使用 ChatGPT 的智能问答功能生成所需内容的操作方法。

STEP 01 在 ChatGPT 的输入框中输入提示词，按 Enter 键确认，让 AI 进行文章撰写。相关提示词和回复内容如下。

提示词

请撰写一篇关于"职场新人如何快速适应工作环境"的指导文章。

⑤ ChatGPT

职场新人如何快速适应工作环境

进入职场的第一天，面对新的工作环境和团队，很多新人都可能感到紧张和不安。如何快速适应这一切，提升自己的工作效率和融入感？以下是一些实用的建议，帮助你顺利度过适应期。

1. 了解公司文化

每个公司都有其独特的文化和价值观。在入职初期，花时间去了解公司的使命、愿景和价值观，以及团队的工作方式和氛围。可以通过阅读员工手册、观察同事的行为及与同事交谈来获取信息。

2. 主动建立人际关系

与同事建立良好的关系是适应职场的重要一步。可以主动和同事打招呼，参加团队活动，或是在午餐时与同事一起用餐。通过沟通，你不仅能增进了解，还能获取工作中的支持和帮助。

3. 请教和学习

作为职场新人，遇到问题是很正常的。不要害怕请教同事或上司，对不明白的地方要及时询问。在请教时，尽量准备好具体的问题，这样可以获得更有效的帮助。同时，积极参与培训和学习，不断提升自己的技能……

STEP 02 在同一个聊天窗口中继续输入提示词，指定具体职业，按 Enter 键确认，AI 会按照要求给出回复。相关提示词和回复内容如下。

提示词

请撰写一篇关于"新入职的中学教师如何快速适应教学环境"的指导文章。

⑤ ChatGPT

新入职的中学教师如何快速适应教学环境

作为一名新入职的中学教师，适应新的教学环境和工作氛围是一个重要的挑战。如何快速融入教学、提升教学效果，以及建立良好的师生关系呢？以下是一些实用的建议，帮助你顺利过渡，成为一名受学生和同事欢迎的教师。

1. 了解学校文化与规章制度

每所学校都有其独特的文化和规章制度。在入职初期，仔细阅读学校的相关文件，了解学校的使命、愿景、教学理念及行为规范。这将帮助你更好地融入学校环境，避免不必要的误解和错误。

2. 建立良好的师生关系

与学生建立信任和尊重的关系是教学成功的关键。第一天上课时，可以通过自我介绍、分享一些个人故事或趣事，拉近与学生的距离。同时，要鼓励学生表达自己的想法和意见，倾听他们的声音，增强互动。

3. 积极与同事交流

……

STEP 03 在同一个聊天窗口中继续输入提示词，增加对指导文章的具体要求，按 Enter 键确认，AI 会按照要求给出新的回复。相关提示词和回复内容如下。

提示词

请撰写一篇关于"新入职的中学教师如何快速适应教学环境"的指导文章，内容应涵盖课堂管理、学生互动、家校沟通以及个人职业发展规划等方面，旨在帮助新教师迅速提升教学技能和建立良好的师生关系。

⑤ ChatGPT

新入职的中学教师如何快速适应教学环境

作为一名新入职的中学教师，适应新的教学环境、建立良好的师生关系以及提升教学技能都是关键任务。以下是一些实用的建议，帮助你在课堂管理、学生互动、家校沟通和个人职业发展规划等方面迅速成长。

1. 课堂管理技巧

有效的课堂管理是确保教学顺利进行的基础。新教师可以尝试以下方法。

(1) **制定课堂规则**：在学期开始时，与学生共同制定课堂规则，让他们参与其中，从而增强对规则的认同感和遵守意愿。

(2) **保持一致性**：在执行课堂规则时保持一致，及时反馈学生的表现，鼓励积极行为，纠正不当行为。

(3) **创建积极的学习环境**：通过布置教室、鼓励学生积极发言以及使用互动教学方法，营造轻松愉快的课堂氛围，使学生愿意参与。

......

14.1.2　新建聊天窗口

在 ChatGPT 中，当用户想用一个新的主题与 ChatGPT 开始一段新的对话时，可以保留当前聊天窗口中的对话记录，新建一个聊天窗口。下面介绍具体的操作方法。

STEP 01 打开 ChatGPT 并进入一个使用过的聊天窗口，在左上角单击"新聊天"按钮 ，如图 14-2 所示。

STEP 02 执行操作后，即可新建一个聊天窗口，在输入框中输入相应的提示词，如图 14-3 所示。

STEP 03 单击输入框右侧的"发送"按钮 或按 Enter 键，即可与 ChatGPT 开始对话，ChatGPT 会根据要求生成关于教学工具的内容。相关提示词和回复内容如下。

图 14-2　单击"新聊天"按钮

图 14-3　输入相应提示词

提示词

推荐几个适合新手老师的教学工具。

ChatGPT

当然可以！以下是一些适合新手老师使用的教学工具：

1. 腾讯课堂： 一个在线教育平台，支持直播课程和录播课程，适合远程教学。

2. 钉钉： 不仅是一款通信工具，还提供在线课堂、作业布置和反馈功能，适合教师和学生之间的沟通。

3. 作业帮： 帮助教师布置和管理作业，学生可以在平台上完成作业并获得即时反馈。

4. 雨课堂： 结合线上线下教学的工具，可以进行直播授课、课后习题和学习反馈。

5. 小猿搜题： 提供在线解题和学习资源，教师可以推荐给学生以增强学习效果。

6. 平面设计工具(如美图秀秀)： 可用于制作教学课件、海报和学习资料，简单易用。

7. 超星学习通： 一个综合性的学习平台，支持课件上传、课程管理和在线讨论。

14.1.3 关闭边栏

ChatGPT 页面的左侧有一个聊天窗口边栏，涵盖了新建聊天、探索 ChatGPT、用户的历史会话记录以及升级套餐等模块。边栏的显示会占用一定的屏幕空间，对于喜欢简洁页面的用户来说可能会感到有些不便。这时，用户可以选择关闭边栏，下面介绍具体的操作方法。

STEP 01 打开 ChatGPT，在左上角单击"关闭边栏"按钮 ，如图 14-4 所示。

图 14-4 单击"关闭边栏"按钮

STEP 02 执行操作后，即可关闭边栏，如图 14-5 所示。

图 14-5 关闭边栏

14.2 应 用 案 例

在现代教育中，教师面临着既要传授知识又要激发学生兴趣的双重挑战。使用 ChatGPT 等人工智能工具，教师可以获得更多创新的教学辅助手段。本节将通过一系列应用案例，帮助教师学会运用 ChatGPT 提高教学工作的效率，更好地满足每位学生的学习需求。

14.2.1 构思教案

教案，即教学方案，是教师为了实现特定的教学目标而预先设计的内容，通常包含了教学目标、教学内容、教学方法、教学步骤以及评估方式等要素。一个精心构思的教案能够提高教学质量，激发学生的学习兴趣，并促进学生的全面发展。

ChatGPT 可以根据学科特点和学生的学习需求，生成结构合理、内容丰富的教案草案。通过这种方式，教师不仅能够节省备课时间，还能确保教案更加贴近实际教学需求，从而提升课堂教学的效果。相关案例如下。

提示词

你是一名语文老师，你正在给学生准备课文《装在套子里的人》的教案，教案的内容是授课内容，请给出教案的框架。

ChatGPT

当然可以！以下是《装在套子里的人》的教案框架：

一、教学目标

1. 知识目标： 理解作品的主题、人物性格及社会背景。

2. 能力目标： 提高学生的分析与解读能力，培养批判性思维。

3. 情感目标： 引导学生思考个体与社会的关系，激发学生对人性与自我的思考。

二、教学重难点

1. 重点： 作品的主题与人物性格的分析。

2. 难点： 理解作者通过人物描写传达的社会批判。

……

14.2.2 课堂活动

　　课堂活动是指在教学过程中，为了实现特定的学习目标而设计的各种互动式教学环节。课堂活动旨在激发学生的学习兴趣，促进学生积极参与，并帮助他们更好地理解和掌握知识。

　　ChatGPT 能够根据教学内容和学生特点，提供一系列互动性强、参与度高的活动建议。无论是需要创设情境来加深理解，还是希望通过游戏化学习来提高学生的积极性，ChatGPT 都能为教师提供有力的支持。相关案例如下。

提示词

　　请为我组织一个关于[中国古代科技发明]的课堂教育游戏，需要描述大致规则、目标、学习结果和游戏玩法机制

ChatGPT

　　当然可以！以下是一个关于中国古代科技发明的课堂教育游戏的设计。

游戏名称： 科技探秘

游戏目标：

1. 让学生了解中国古代科技发明的历史背景和重要性。

2. 学生通过合作与竞争，激发对科技创新的兴趣。

3. 培养学生团队合作和问题解决的能力。

学习结果：

1. 学生能够列举并解释至少 5 项中国古代的重要科技发明(如造纸术、印刷术、火药、指南针等)。

2. 学生能够讨论这些发明对中国及世界的影响。

3. 提高学生合作沟通能力，增强团队精神。

……

14.2.3 订正错别字

在教学过程中，确保教材和作业中的文字准确无误对于提高教学质量至关重要。然而，手动检查每一份文档中的错别字是一项耗时且容易遗漏的工作。使用 ChatGPT 等人工智能工具，教师可以更高效地识别并纠正文本中的错别字和语法错误。

ChatGPT 能够快速扫描文档，指出拼写错误、标点符号不当或用词不当之处，并提供修改建议。通过这种智能辅助，教师不仅能够节省检查文档的时间，还能确保学生接收到的是准确无误的资料，从而提升教学的专业性和学生的阅读理解能力。这种技术的应用不仅简化了教师的工作流程，也为学生创造了更好的学习环境。相关案例如下。

💬 提示词

现在你将是一个错别字识别程序，你需要检查我给出的文本内容中的错别字并给出优化建议

文本内容：我觉心要努力学习，没天进步，将来成为一名优休的人才。为了打到这个目标，我会付出持许不断的努力。我一直相信总有一田，我会实现自己的梦向。

⊙ ChatGPT

好的，我来帮你检查错别字并给出优化建议。

原文：

"我觉心要努力学习，没天进步，将来成为一名优休的人才。为了打到这个目标，我会付出持许不断的努力。我一直相信总有一田，我会实现自己的梦向。"

识别出的错别字及建议：

1. "觉心" 应改为 "决心"。
2. "没天" 应改为 "每天"。
3. "优休" 应改为 "优秀"。
4. "打到" 应改为 "达到"。
5. "持许" 应改为 "持续"。
6. "一田" 应改为 "一天"。
7. "梦向" 应改为 "梦想"。

优化后的文本：

"我决心要努力学习，每天进步，将来成为一名优秀的人才。为了达到这个目标，我会付出持续不断的努力。我一直相信总有一天，我会实现自己的梦想。"

14.2.4 教学建议

在教育领域，教师们经常面临如何提高教学质量、激发学生兴趣以及

适应不同学生需求的挑战。使用 ChatGPT 等人工智能工具，教师可以获得宝贵的教学建议和技术支持。ChatGPT 能够根据具体的教学场景和学生特点，提供定制化的教学策略，帮助教师设计更加生动有趣的课堂活动，优化教学方法，并给予学生个性化的指导。相关案例如下。

提示词

我是高中物理老师，我教的班级里有一名同学对电磁学部分的概念理解不够深入，考试时这部分题目经常出错，我计划利用课余时间为这名同学进行一对一辅导，你有什么建议。

ChatGPT

为这名同学进行一对一辅导是个很好的主意！以下是一些建议：

1. 评估基础： 首先了解他对电磁学的基础知识掌握情况，找出具体的薄弱环节。

2. 概念图： 帮助他绘制电磁学概念图，理清不同概念之间的关系，如电场、磁场、库仑定律和安培定律等。

3. 实验演示： 通过简单的实验演示一些电磁学的基本原理，比如用铁屑观察磁场线，或者用电池、导线和灯泡搭建简单电路。

4. 分步讲解： 对复杂的公式和定律进行分步讲解，确保他理解每一步的物理意义。

5. 解决问题： 针对他常出错的题目进行详细解析，教他如何逐步分析问题。

6. 多做练习： 提供一些与考试题型相似的练习题，帮助他熟悉解题技巧。

7. 定期反馈： 每次辅导结束后，与他讨论进展和遇到的困难，及时调整辅导策略。

通过这些方法，相信他会对电磁学的理解有明显提高！

第 15 章

诗词创作：智谱清言办公的高效应用

　　在数字化时代，AI 技术正以前所未有的速度渗透到文化艺术的各个领域。本章将以智谱清言为例，带领读者探索 AI 诗词创作的技巧，并通过丰富的应用案例，助力读者实现高效创作。

智谱清言是一个基于人工智能技术的大型语言模型，可以进行自然语言理解和生成。首先，给大家介绍一下智谱清言的首页组成，如图 15-1 所示，帮助大家快速了解智谱清言的操作页面。

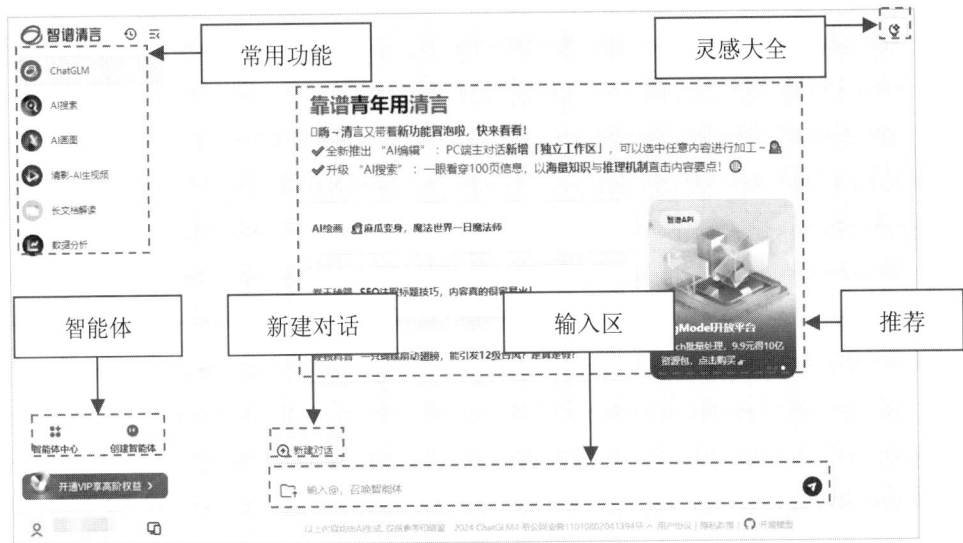

图 15-1　智谱清言的首页组成

15.1　创 作 技 巧

在通过与 AI 对话来完成诗词创作的过程中，用户可以先提供一个诗词的示例，让 AI 进行分析和学习，再告知 AI 自己需要的内容，让 AI 进行仿写；也可以直接将自己的需求告知 AI，让它进行诗词创作；还可以让 AI 直接创作诗词。本节将具体介绍这几种创作技巧，以便用户可以快速获得想要的诗词，提升工作效率和质量。

15.1.1　根据示例仿写

在提供示例时，用户最好提供一首与自己需求一致的诗词作品。例如，用户想让 AI 创作一首七言绝句，那么提供的示例最好也是一首七言绝句，以便 AI 更好地进行学习和仿写。下面介绍如何让 AI 根据示例进行仿写。

STEP 01　在智谱清言的输入框中输入并发送提示词，让 AI 分析和学习用户提供的七言绝句示例。相关提示词和回复内容如下。

提示词

请对下面这首七言绝句进行分析，并学习七言绝句的结构特点与写作方法。

《泊秦淮》杜牧

烟笼寒水月笼沙，夜泊秦淮近酒家。

商女不知亡国恨，隔江犹唱后庭花。

智谱清言

《泊秦淮》是唐代诗人杜牧创作的一首七言绝句，这首诗以深沉的历史感和强烈的现实关怀展现了作者的情感态度。以下是对这首诗的分析及其结构特点与写作方法的探讨：

一、分析

1. 首句"烟笼寒水月笼沙"：

这句话通过"烟""月"两个意象，描绘了一幅朦胧、幽静的夜景。烟雾弥漫在寒冷的水面上，月光洒在沙滩上，形成了一种静谧而又略带凄凉的氛围。

2. 次句"夜泊秦淮近酒家"：

诗人描绘了自己夜晚泊船秦淮河的情景，并以"近酒家"暗示了秦淮河畔的繁华与喧嚣。这里既有实景的描绘，又有情感的流露。

3. 第3句"商女不知亡国恨"：

这句话表达了诗人对那些沉溺于声色犬马生活的商女们的批判。她们在国家危难之际，却依然不知亡国之恨，反映出当时社会的风气和人们的麻木。

4. 尾句"隔江犹唱后庭花"：

"后庭花"指的是南朝陈后主所作的《玉树后庭花》，这首歌曲被视为亡国之音。诗人以此讽刺那些不顾国家安危，沉溺于享乐的人们。

二、结构特点与写作方法

1. 结构特点：

七言绝句的结构通常为4句，每句7个字，共28个字。其结构紧凑，意境完整。在《泊秦淮》中，前两句写景，后两句抒情，情景交融，意蕴深远。

2. 写作方法：

(1) 意象运用：通过"烟""月""寒水""沙"等意象，营造出朦胧、凄凉的夜景，为后文的抒情作铺垫。

(2) 对比手法：将商女的无知与国家的危难形成鲜明对比，突显诗人的忧国忧民之情。

(3) 讽刺手法：以"隔江犹唱后庭花"讽刺那些沉溺于享乐、不顾国家安危的人们。

(4) 情感抒发：诗人通过描绘秦淮夜景，借古讽今，表达了对国家命运的担忧和对社会风气的批判。

通过对《泊秦淮》的分析，我们可以了解到七言绝句的结构特点和写作方法。在创作七言绝句时，要注意以下几点：

1. 意象鲜明，意境深远。

2. 情感真挚，抒发自然。

3. 结构紧凑，对仗工整。

4. 语言精炼，寓意丰富。

STEP 02 在同一个对话窗口中继续输入并发送提示词，让 AI 根据用户提供的主题仿写一首七言绝句。相关提示词和回复内容如下。

提示词

请以"秋游"为主题，仿写一首七言绝句，诗的标题可以重新取名。

智谱清言

《秋日闲游》

枫叶红于二月花，秋风送爽过山家。

田园稻熟黄满地，闲步悠悠赏晚霞。

15.1.2 根据要求创作

在让 AI 直接创作诗词作品时，用户需要在提示词中将自己对诗词的要求介绍清楚，例如诗词的体裁、主题、风格和用词偏好等。下面介绍如何让 AI 根据要求进行诗词创作。

提示词

请根据以下要求为我创作一首七言律诗，并对诗的内容进行适当分析。

要求：主题是秋天的山林风光，风格要豪放洒脱，用词上尽量使用描绘山林秋色的词汇，并为这首诗取一个标题。

智谱清言

标题：《秋日山林豪歌》

诗正文：

枫林如火染层巅，松柏苍翠立云端。

霜叶红于二月花，碧空如洗鹤排烟。

秋风扫落叶满径，豪情逸致醉山间。

分析：

这首七言律诗以秋天的山林风光为主题，展现了豪放洒脱的风格。

首联"枫林如火染层巅，松柏苍翠立云端"，通过"枫林如火"和"松柏苍翠"两个意象，描绘了秋天山林的热烈与生机。其中，"染层巅"和"立云端"分别表现了山林的高远与壮丽。

颔联"霜叶红于二月花，碧空如洗鹤排烟"，以霜叶与二月花对比，突出了秋天山林景色的独特魅力。同时，"碧空如洗""鹤排烟"描绘了一幅宁静致远的画面，展现了秋天的明净与高洁。

尾联"秋风扫落叶满径，豪情逸致醉山间"，通过"秋风扫落叶"和"豪情逸致醉山间"两个意象，表达了诗人在秋天山林间的豪放与洒脱。整首诗用词生动，充分展现了秋天山林的美丽景色和诗人的豪迈情怀。

15.1.3 直接创作诗词

用户可以直接让 AI 根据提示词创作诗词，然后提出修改意见，让 AI 对诗词进行修改，从而优化诗词的效果。下面介绍让 AI 直接创作诗词的操作方法。

STEP 01 在智谱清言的输入框中输入并发送提示词，让 AI 根据要求创作一首五言绝句。相关提示词和回复内容如下。

提示词

请以"送别友人"为主题，创作一首五言绝句。

智谱清言

别离情依依，
把酒话斜阳。
此去经年久，
重逢在何方。

STEP 02 在同一个对话窗口中继续输入并发送提示词，让 AI 根据用户的需求对生成的五言绝句进行修改。相关提示词和回复内容如下。

提示词

请根据以下要求对生成的五言绝句进行修改。

要求：为诗词取一个合适的名字；诗中感情要更浓郁充沛一点，表达出对友人的不舍之情；尾联要含有祝福友人的深层含义。

智谱清言

《暮云孤鹤送》
临歧泪满巾，酒深情更浓。
孤鹤随云去，愿君福自逢。

分析：

这首五言绝句以《暮云孤鹤送》为题，增添了诗的雅致和意境。

"临歧泪满巾"开篇即表达了诗人对友人离去的不舍之情，情感浓郁；"酒深情更浓"进一步渲染了别离时的哀愁氛围；"孤鹤随云去"以孤鹤比喻友人，象征着友人的高洁与独行，同时也寄托了诗人对友人未来的美好祝愿；"愿君福自逢"作为尾联，不仅表达了对友人的不舍，更蕴含了深深的祝福，希望友人前程似锦，好运常伴。整首诗情感充沛，意境深远，既有离别的哀愁，又有对友人的美好祝愿。

15.2 应用案例

本节通过"叙事诗""抒情诗""边塞诗"和"田园诗"这 4 个实际案例，简明扼要地展示了智谱清言如何在诗词创作中发挥其智能化优势，根据用户需求快速创作出令人满意的诗词作品，为用户节省时间和精力。

15.2.1 叙事诗

叙事诗是叙述一个完整的故事且不采取戏剧形式的诗歌，它采用诗的形式刻画人物，通过写人叙事来抒发情感。叙事诗包括史诗、叙事歌、民谣和韵文传奇等多种类型。用户可以将主题和要求提供给 AI，让其创作出一首令人满意的叙事诗。相关案例如下。

提示词

请以"冬日雪中堆雪人"为主题，创作一首叙事诗，要求用诗意的语言叙述那些温暖人心的瞬间，捕捉孩子们欢腾的身影和冬日的宁静美好，体裁为七言律诗。

智谱清言

《雪中童趣绘冬韵》
冬日银装素裹间，孩童戏雪笑声喧。
手捧雪球映晴空，堆成雪人暖意浓。
红颊笑颜映霜华，手舞足蹈乐无边。
宁静雪地留足迹，冬日温馨谱心弦。

诗句分析：

首联： "冬日银装素裹间，孩童戏雪笑声喧。"这两句诗开篇即描绘了一幅冬日雪景图，用"银装素裹"形象地表现了雪后世界的洁白无瑕。接着，"孩童戏雪笑声喧"生动地刻画了孩子们在雪地中的活泼场景，笑声喧哗，充满了生机与活力，形成了动静结合的画面。

颔联： "手捧雪球映晴空，堆成雪人暖意浓。"其中，"手捧雪球映晴空"描绘了孩子们手中的雪球在阳光下闪耀，与晴朗的天空相映成趣，增添了画面的明快感。而"堆成雪人暖意浓"则转折到温暖的情感，雪人是孩子们共同创造的作品，暖意不仅来自雪人的形象，更来自孩子们内心的喜悦和合作的过程。

颈联： "红颊笑颜映霜华，手舞足蹈乐无边。"这两句诗进一步描绘了孩子们欢快的神情和动作。"红颊笑颜映霜华"通过"红颊"和"笑颜"展现了孩子们因玩耍而脸颊泛红、笑容灿烂，与霜华(雪的洁白)形成对比，突出了孩子们的活力。而"手舞足蹈乐无边"则是对孩子们快乐状态的具体描绘，形象地表达了他们的快乐。

尾联： 尾联以"宁静雪地留足迹"作为收尾，描绘了孩子们玩耍后留下的足迹，这些足迹在宁静的雪地上显得格外清晰，象征着美好时光的痕迹。而"冬日温馨谱心弦"则是诗人的情感抒发，将冬日的温馨与内心的感动联系起来，如同音乐家谱写心弦，留下了深刻的记忆和情感的共鸣。

整体而言，这首诗通过细腻的描写和生动的画面，传达了冬日雪景中的童趣和温馨，同时也体现了诗人对美好时光的珍惜和对童年记忆的怀念。

15.2.2　抒情诗

抒情诗是一种主要通过直接抒发诗人的思想感情来反映社会生活、表现诗人主观感受的诗歌体裁。这种诗歌体裁侧重于表现个人的内心情感和主观感受，对客观事物的再现往往是为了更好地表达主观情感。抒情诗的形式多样，语言优美，常常通过比喻、象征、拟人等修辞手法来增强诗歌的表现力和感染力。AI 可以帮助用户快速创作一首情感真挚、深沉的抒情诗。相关案例如下。

👤 提示词

请以"春雨细滴"为主题，创作一首抒情诗，要求用诗意的语言描绘春雨绵绵时的温柔与生机，捕捉雨滴落在大地上的细腻声音和万物复苏的景象，体裁为五言律诗。

🌐 智谱清言

诗歌名称：《春雨细吟》
诗句：
春雨细滴匀，润物细无声。
草色生微润，花枝透嫩红。
滴滴穿心曲，绵绵织梦空。
万物苏醒时，生机满目中。
诗句分析：
首联"春雨细滴匀，润物细无声"：
描绘了春雨细腻、均匀地落下，悄无声息地滋润着万物。这里的"细滴匀"和"细无声"突出了春雨的温柔与细腻。
颔联"草色生微润，花枝透嫩红"：
表现了在春雨的滋润下，小草变得更加翠绿，花朵含苞待放，透出嫩红的色彩。诗句中的"微润"和"嫩红"生动地描绘了春雨带来的生机。
颈联"滴滴穿心曲，绵绵织梦空"：
将春雨的声音比作穿透心灵的曲子，绵绵不绝，仿佛在编织一场美丽的梦境。这里的"穿心曲"和"织梦空"赋予春雨以音乐和梦幻之美。
尾联"万物苏醒时，生机满目中"：
总结了春雨带来的美好景象，万物复苏，生机勃勃。诗句中的"苏醒"和"生机满目"传达了春天的活力与希望。

在这首诗中，诗人通过描绘春雨细腻地滋润大地、草色花枝在雨中生机勃勃的景象，以及春雨的声音如同穿心曲子般温柔，表达了对春天生机与活力的赞美和对自然细腻感受的抒发。这些元素共同构成了诗中的抒情基调，使得整首诗充满了情感的色彩和音乐的韵律，体现了抒情诗的特点。

15.2.3 边塞诗

　　边塞诗是一种以边塞军旅生活为主要题材的诗歌体裁。它主要描写边塞的风光、边疆地理、民族风情以及边疆战士的艰苦生活和思乡情绪，同时也反映了战争的酷烈场面和将士建立军功的壮志。这类诗歌在唐代尤为盛行，成为唐代诗歌的主要题材之一，具有深刻的思想性、丰富的想象力和独特的艺术性。AI 可以帮助用户快速创作一首意象宏阔、基调昂扬的边塞诗。相关案例如下。

提示词

　　请以"唐代边关战士的思乡之情"为主题，创作一首七言律诗，情感基调为悲壮豪迈，时间设定在唐朝鼎盛时期，地点为西北边疆的长城脚下，希望诗中出现"战马""烽火""胡笳"等边塞特有的意象，同时体现"李广难封"的典故，展现戍边将士面对艰苦环境仍不忘家国情怀的崇高精神。

智谱清言

诗歌名称：《边塞壮歌》
诗句：
长城脚下战马鸣，烽火连天夜未明。
胡笳声断思乡泪，李广难封壮志行。
塞北风霜磨铁骨，家国情怀映月明。
纵使关山万里远，丹心永驻守边疆。
诗句分析：
　　首联"长城脚下战马鸣，烽火连天夜未明"描绘了唐朝边关战士在长城脚下戍边的场景，战马嘶鸣，烽火连天，表现了战争的紧张气氛。
　　颔联"胡笳声断思乡泪，李广难封壮志行"运用"胡笳"这一边塞特有的乐器，表达了战士们对家乡的思念。同时，引用"李广难封"的典故，展现了战士们虽身处艰苦环境，但仍怀揣壮志，不忘家国情怀。
　　颈联"塞北风霜磨铁骨，家国情怀映月明"通过"塞北风霜"与"铁骨"的对比，凸显了战士们坚韧不拔的精神。同时，以"家国情怀映月明"表现了战士们忠诚于国家的崇高精神。
　　尾联"纵使关山万里远，丹心永驻守边疆"表达了战士们不畏艰难，誓死守护边疆的坚定信念，展现了悲壮豪迈的情感基调。
　　……

15.2.4 田园诗

　　田园诗主要描绘农村的自然风光、田园劳动、农民生活等场景，反映了诗人对田园生活的热爱和对自然的敬畏。它不仅是对自然风光的简单描绘，更是诗人情感的寄托和灵魂的归宿。如果用户想快速创作出一首田园诗，可以将灵感和要求提供给 AI，让其据此进行创作。相关案例如下。

提示词

请以"乡村生活的宁静美好"为主题，创作一首五言绝句，情感基调为恬淡愉悦，时间设定在秋天丰收季节，地点为山间小村，希望诗中出现"稻田""炊烟""牛羊"等田园特有的意象，同时展现"孩子们在田间玩耍""村民们围炉夜话"的温馨场景，传达出人们对简单生活的向往和满足。

智谱清言

诗歌名称：《秋日山居》

诗句：

山村秋色里，稻田泛金波。

炊烟起斜阳，牛羊下夕坡。

童戏田间乐，夜话炉火边。

诗句分析：

首句"山村秋色里"，描绘了山间小村落在秋天丰收季节的宁静景象，奠定了恬淡愉悦的情感基调。

第 2 句"稻田泛金波"，形象地描绘了稻田在夕阳下的金色波光，展现了丰收的喜悦。

第 3 句"炊烟起斜阳"，通过炊烟这一意象，表现了乡村生活的平和与宁静。

第 4 句"牛羊下夕坡"，描绘了牛羊归圈的温馨场景，增添了田园生活的气息。

第 5、6 句"童戏田间乐，夜话炉火边"，展现了孩子们在田间玩耍的欢乐和村民们围炉夜话的温馨，传达出人们对简单生活的向往和满足。

这首五言绝句以简洁明快的笔触，生动地描绘了山间小村在秋天丰收季节的宁静美好。诗中融入了"稻田""炊烟""牛羊"等田园特有的意象，同时展现了孩子们在田间玩耍、村民们围炉夜话的温馨场景，让人感受到了乡村生活的恬淡与愉悦。整首诗意境优美，情感真挚，令人向往。

第 16 章

短剧写作：文心一言办公的高效应用

　　将 AI 融入短剧创作，能大幅提升创作效率与创意表现。本章将介绍如何利用文心一言在创意策划、情节打磨、视听设计等环节助力创作，从而帮助创作者高效创作更具吸引力的短剧作品，并快速适应市场需求的变化。

文心一言是百度推出的新一代知识增强大语言模型，具备强大的对话互动、问题回答及创作协助能力。首先，给大家介绍一下文心一言的首页组成，如图 16-1 所示，帮助大家快速了解文心一言的操作页面。

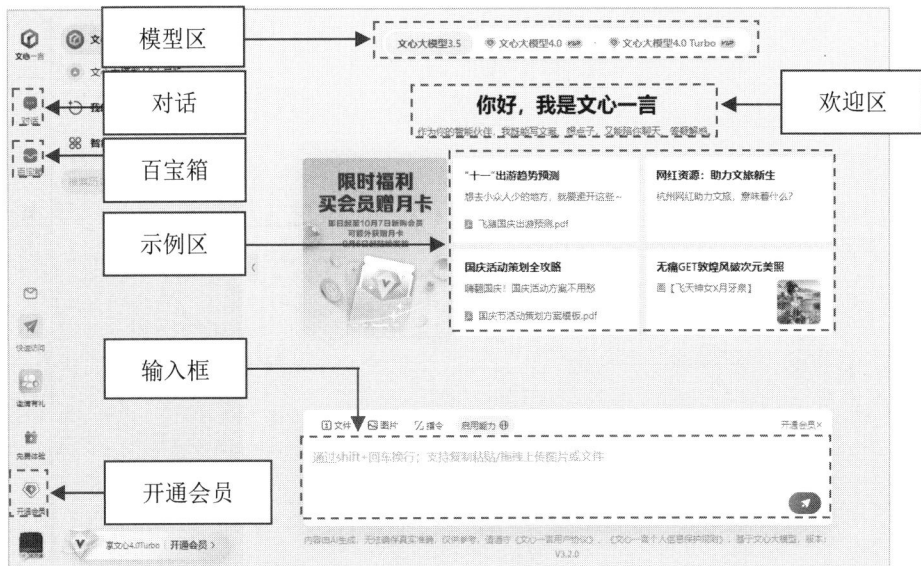

图 16-1　文心一言的首页组成

16.1　撰 写 技 巧

本节将探讨短剧创作中的核心要素，从构思内容的创意火花，到打磨情节的细腻雕琢，再到整合视听元素的巧妙布局，每一步都至关重要。通过文心一言的高效应用，我们将一同揭开短剧撰写背后的秘密，让你的作品在众多创作中脱颖而出。

16.1.1　构思内容

在短剧创作的初期，AI 能助力创作者快速激发创作灵感、构建故事框架，并塑造生动的人物形象。通过 AI 的辅助，创意策划变得更加高效，作品也能更具吸引力。下面介绍利用 AI 构思短剧内容的操作方法。

STEP 01 在输入框中输入相应的提示词，按 Enter 键确认，让 AI 根据创作者的需求提供短剧的灵感。相关提示词和回复内容如下。

提示词

现在你是一名短剧创作者，请根据下面的需求提供3个短剧的灵感。

需求：1. 要有创意，勇于打破常规；2. 题材为青春成长；3. 传播正能量。

文心一言

短剧灵感提案

1.《时光邮差的秘密》

创意概述：

在一个被高科技包围的未来城市，人们逐渐失去了对"慢生活"和"真挚情感"的感知。主角林浅，一名看似普通的高中生，意外发现了一本古老的时光邮册，能够寄送信件到过去的某个时间点。她决定利用这个能力，帮助身边的朋友解决青春期的烦恼与遗憾，如鼓励自卑的好友勇敢站上舞台、帮助失恋的朋友重新找回自我等。但每次寄信，都会消耗邮册的"时光能量"，林浅最终面临一个抉择：是继续用这力量改变他人，还是保留它作为自己青春的记忆。

打破常规：

通过"时光邮差"的设定，将现代科技与传统的书信情感相结合，展现青春期特有的纯真与梦想，同时探讨个人成长中"改变过去"与"珍惜当下"的哲学议题。

正能量传播：

强调勇气、友情和自我接纳的重要性，鼓励观众勇敢面对生活中的挑战，珍惜每一次与他人的相遇和每一次自我成长的机会。

2.《逆光乐队：梦想的逆袭》

……

3.《平行世界的交换日记》

……

STEP 02 在同一个聊天窗口中继续输入提示词，按 Enter 键确认，让 AI 根据主题来搭建短剧的结构，让后续的内容写作更具有条理性。相关提示词和回复内容如下。

提示词

请你根据第1个灵感，按三幕式结构对短剧的内容进行搭建。

文心一言

短剧内容搭建：《时光邮差的秘密》

第1幕：发现与启程

场景： 未来城市的高中校园、林浅的卧室。

情节：

开场： 林浅，一名对未来充满好奇的高中生，在一次偶然的机会下，在学校的旧书市场发现了一本封面斑驳、看似普通的时光邮册。

转折： 林浅出于好奇，尝试在邮册上写下给过去自己的信，并意外发现这封信竟然真的能够穿越时空，送到了几年前的自己手中。

惊奇：林浅意识到这本邮册拥有连接过去与未来的神秘力量，她决定利用这一能力，帮助身边的朋友解决青春期的烦恼与遗憾。

冲突：林浅开始秘密地使用时光邮册，但很快发现每次寄信都会消耗邮册的"时光能量"，且每次改变过去，都会在未来产生不可预知的后果。

第 2 幕：挑战与抉择

……

第 3 幕：成长与启示

……

STEP 03 在同一个聊天窗口中继续输入提示词，按 Enter 键确认，让 AI 根据短剧的内容对角色形象进行设计。相关提示词和回复内容如下。

提示词

请根据短剧的内容，从外在特征、内在特质和语言习惯这 3 个方面对主角的形象进行设计。

文心一言

主角林浅形象设计

1. 外在特征

(1) 年龄与外貌：林浅是一名 17 岁的高中生，拥有一头略显凌乱但充满活力的短发，眼神中闪烁着对未知世界的好奇与渴望。她的穿着风格偏向休闲与舒适，常穿着宽松的校服搭配运动鞋，偶尔会在领口或袖口处别上一些小巧的徽章，展示她的个性与兴趣。

(2) 体态与动作：林浅身材适中，动作敏捷，走起路来带着轻松自如的步伐。当她思考或专注时，会不自觉地用手托住下巴，眼神变得深邃，仿佛能洞察时空的秘密。

(3) 配饰与物品：林浅总是随身携带一本旧式的笔记本，那是她记录灵感、计划和时光邮册秘密的宝地。此外，她还佩戴着一枚古老的怀表，这是她从祖父那里继承的，象征着家族的传承与时间的珍贵。

2. 内在特质

(1) 性格：林浅性格独立、勇敢，对未知充满好奇。她善于观察，富有同情心，总是愿意伸出援手帮助身边的朋友。同时，她也具备坚韧不拔的精神，面对困难和挑战时从不轻言放弃。

(2) 价值观：林浅坚信每个人的命运都掌握在自己手中，她尊重每个人的选择和成长路径。她认为真正的成长是面对现实，勇于接受自己的不完美，并努力成为更好的自己。

……

16.1.2 打磨情节

情节打磨是短剧创作的关键环节，AI 能帮助创作者深化剧情冲突、设计惊人反转、引爆爽点高潮，并精细打磨对白，使故事更具吸引力。下面将介绍如何利用 AI 细化情节，打造引人入胜的短剧作品。

STEP 01 在输入框中输入相应的提示词，按 Enter 键确认，让 AI 细化剧情冲突，提升作品的张力和观众的情感共鸣。相关提示词和回复内容如下。

提示词

请基于短剧的故事内容，增强其中的剧情冲突，深化矛盾，并在增强冲突时，运用修辞手法(如比喻、对比)和细节描写(如心理描写、环境烘托)来增强冲突的表现力。

文心一言

短剧剧情冲突增强版
第一幕：发现与启程
冲突增强：林浅在发现时光邮册的秘密后，初尝甜头，帮助好友解决了舞台恐惧的问题。然而，随着时光邮册的使用次数增加，她逐渐发现每一次的改变都在未来产生了微妙但不可预测的后果。比如，她帮助好友克服恐惧后，却意外发现好友在未来的某个时间点因为过度自信而遭遇了更大的失败。
修辞手法与细节描写：
比喻：林浅的心情就像过山车一样，从兴奋的高点跌落到失望的谷底。
对比：她帮助好友前后的情景形成鲜明对比，从最初的勇敢站上舞台到后来的失败，突出了时光邮册的双刃剑特性。
心理描写：林浅开始质疑自己的决定，内心充满了矛盾与挣扎，她坐在窗前，望着外面的雨，雨滴像她的心情一样杂乱无章。
第二幕：挑战与抉择
……

STEP 02 在同一个聊天窗口中继续输入提示词，按 Enter 键确认，让 AI 设计反转剧情，提升作品的吸引力和想象力。相关提示词和回复内容如下。

提示词

请基于上面的故事内容，在第 2 幕设计一个出人意料的情节反转。这个反转足以让观众为之震惊，同时揭示主角内心的矛盾与挣扎。请确保反转的逻辑合理，与前面的剧情紧密相连，且并不改变故事的结局。

文心一言

第 2 幕：挑战与抉择——出人意料的情节反转
反转前的情节铺垫
林浅在意识到时光邮册可能带来的严重后果后，决定停止使用。然而，当她得知一个关系疏远的同学小李因家庭问题即将辍学时，她内心的矛盾达到了顶点。她深知，一旦再次使用时光邮册，可能会引发更严重的后果，但如果不帮，她良心难安。夜深人静时，林浅独自坐在书桌前，时光邮册静静地躺在桌上，她的手指轻轻拂过封面，心中充满了挣扎。

出人意料的情节反转

正当林浅陷入深深的矛盾与挣扎时，她突然收到了来自未来的自己的一封信。这封信不是通过时光邮册寄来的，而是以一种难以解释的方式，直接出现在她的书桌上。信中，未来的林浅以旁观者的角度，详细描述了如果她再次使用时光邮册帮助小李，将会导致的连锁反应：虽然小李得以继续学业，但会因此错过一次关键的自我成长机会，最终在大学期间迷失方向，无法完成学业。而林浅自己也会因为这次干预，在未来的某个重要决策上犹豫不决，错失了一个改变自己命运的机会。

……

STEP 03 在同一个聊天窗口中继续输入提示词，按 Enter 键确认，让 AI 通过分析观众偏好、情绪反应等数据，更精准地定位并强化故事中的爽点。相关提示词和回复内容如下。

👤 **提示词**

请根据短剧中的内容和目标观众，定位并强化故事中的爽点。

🪷 **文心一言**

短剧爽点定位与强化

目标观众分析

本短剧的目标观众主要是青少年，他们对冒险、成长、友情和奇幻元素有着浓厚的兴趣。他们渴望看到主角在面对困难时如何成长，如何在逆境中找到自我，以及如何通过勇气与智慧解决难题。同时，他们也乐于接受一些奇幻元素，如时光旅行、超自然力量等，来满足对未知世界的好奇心。

爽点定位与强化

1. 发现时光邮册的秘密

爽点定位：林浅偶然发现时光邮册，并成功向过去的自己发送信息，体验到掌控时间的快感。

强化方式：通过特效展示时光邮册的神秘力量，如信件穿越时空的瞬间，以及过去与未来场景的对比，让观众感受到时间的奇妙与神秘。同时，通过林浅惊喜的表情和动作，传达出她内心的激动与兴奋。

2. 帮助朋友解决难题

爽点定位：林浅利用时光邮册帮助好友克服舞台恐惧，实现自我突破。

……

STEP 04 在同一个聊天窗口中继续输入提示词，按 Enter 键确认，让 AI 根据具体的情境来编写对白。相关提示词和回复内容如下。

👤 **提示词**

请根据故事内容和角色设定，编写出故事第 1 个冲突时的人物对白。

文心一言

故事第1个冲突时的人物对白

场景设定

林浅坐在自己的房间里，手中紧握着那本神秘的时光邮册。她刚刚通过时光邮册向过去的自己发送了一条信息，并亲眼见证了信息被接收的奇迹。然而，当她试图再次使用时，却突然意识到，这样的行为可能会带来不可预知的后果。

人物对白

林浅(自言自语)：

(眼神闪烁着兴奋与好奇，但随即又露出一丝担忧)

"如果我真的能改变过去，那我是不是也能改变未来？可是，这样做真的对吗？万一……万一我破坏了什么事情的平衡，该怎么办？"

(这时，林浅的手机突然响起，是她最好的朋友小瑶打来的电话)

林浅(接电话，尽量保持平静)：

"喂，小瑶，怎么了？"

……

16.1.3 整合视听元素

视听元素在短剧中至关重要，AI能显著提升其创作效率和作品质量。借助AI，创作者可以更轻松地规划视觉效果和创作主题曲，使作品的视听表现更加生动出彩。下面将介绍如何利用AI优化视觉呈现和音乐创作，以增强短剧的观看体验。

STEP 01 在输入框中输入相应提示词，按Enter键确认，让AI从色彩、光影、场景、道具、特效、动画、镜头语言和构图等方面，对短剧整体的视觉画面进行规划。相关提示词和回复内容如下。

提示词

请从色彩、光影、场景、道具、特效、动画、镜头语言和构图这8个方面，对短剧整体的视觉画面进行规划，要求：与短剧的内容相吻合，始终保持和谐与统一。

文心一言

短剧视觉画面规划

1. 色彩

(1) **整体色调：** 采用温暖而柔和的色调，以橙黄色和浅蓝色为主，营造温馨、怀旧的氛围，同时传达出成长与希望的主题。

(2) **情感色彩变化：** 随着剧情的发展，色彩会相应调整。如主角面临抉择时，使用偏暗的色调，如灰蓝或暗紫，增加紧张感；当问题解决，情感升华时，则使用明亮的色彩，如金黄或翠绿，表达喜悦与成长。

2. 光影

(1) **自然光与人工光结合**：利用自然光(如晨光、夕阳)与人工光(如台灯、舞台灯光)的对比，营造不同时间段的氛围。

(2) **光影变化**：在关键情节中，通过光影的明暗变化，强化情感表达。如主角内心挣扎时，使用侧光或背光，突出其孤独与矛盾；而在友情、亲情等温馨场景，则使用柔和的散射光，营造温馨和谐的氛围。

3. 场景

(1) **校园场景**：作为主要场景，展现主角的学习与生活环境，包括教室、图书馆、操场等，强调青春与成长的主题。

······

STEP 02 在同一个聊天窗口中继续输入提示词，按 Enter 键确认，让 AI 写作主题曲的歌词。相关提示词和回复内容如下。

提示词

请结合故事内容，为短剧写作一首主题曲的歌词，要求：突出短剧的主题，词句优美，语言符合短剧的时代特征。

文心一言

【短剧《时光邮差的秘密》主题曲歌词】

【副歌】

在未来城市的灯火阑珊中，林浅握住了时光的秘密，

一封封信，穿越时光的隙缝，书写着青春的奇迹。

《时光邮差的秘密》，在风中轻轻回响，

是她，用勇气，连接了梦想与希望的方向。

【第 1 节】

高楼林立，霓虹闪烁，科技编织的网，

人们忙碌，却忘了，心灵的柔软与温暖的光。

林浅偶遇，古老邮册，藏着时光的秘密，

她决定，用这力量，唤醒沉睡的青春与梦想。

【副歌】

在未来城市的喧嚣之中，林浅是那独特的邮差，

每一次投递，都是情感的桥梁，跨越了岁月的尘埃。

《时光邮差的秘密》，在心中悄然绽放，

是她，用友情，治愈了青春的伤痛与迷茫。

······

16.2　应 用 案 例

　　短剧的类型多种多样，涵盖了多个不同的题材和风格，如复仇题材、穿越题材、爱情题材、悬疑推理题材、喜剧奇幻题材、历史文化题材等。当创作者灵感枯竭或有灵感而无法组织语言时，AI 可以提供灵感或帮助其将创意转化为有吸引力的短剧剧本。本节将通过实际的应用案例，介绍如何利用 AI 创作一份完整的短剧剧本。

16.2.1　复仇题材

　　"复仇题材"短剧的核心在于讲述主角因遭受不公、背叛、陷害或其他形式的伤害而心生复仇之念，并付诸行动的故事。这类短剧通常具有强烈的情感冲突和戏剧张力，能够引发观众的共鸣和思考。AI 可以帮助用户生成一份完整的复仇题材的短剧剧本。相关案例如下。

提示词

请根据下面的内容，帮我生成一份完整的短剧剧本：

一名曾经的商业巨头，在遭受背叛后失去一切。数年后，他秘密归来，策划了一场精妙的复仇计划，旨在揭露真相并夺回属于自己的一切。在这个过程中，他不仅要面对昔日的敌人，还要处理内心深处对正义与复仇的挣扎。

文心一言

短剧剧本：《暗夜归来》

场景一：昔日辉煌，惨遭背叛

(回忆片段，柔和而略带忧伤的背景音乐)

内景：豪华办公室，白天

人物：李明辉(商业巨头，40 岁左右)、张伟(李明辉的得力助手，后背叛，35 岁左右)

对话

李明辉(自信满满)："张伟，这次并购案成功后，我们的市场份额将翻倍。"

张伟(表面忠诚，眼神闪烁)："是的，李总，一切都会如您所愿。"

外景：城市夜景，雨夜

场景描述：李明辉独自走在回家的路上，突然接到警方的电话，告知公司涉嫌非法财务操作，已被调查。

旁白："一场精心策划的阴谋，让李明辉从云端跌落谷底。"

场景二：失去一切，暗夜潜行

……

16.2.2　爱情题材

　　爱情题材是短剧中最常见的类型之一，通常讲述男女主角之间的爱情故事，包括甜蜜、虐心、误会等多种元素。创作者可以利用 AI 生成一份完整的关于爱情题材的短剧剧本。相关案例如下。

提示词

　　请为我创作一部爱情题材的剧本，要求包含以下元素：

　　1. 设置在未来或现代都市背景中；2. 主角是一对经历了很多波折最终走到一起的情侣；3. 剧中有明显的冲突和紧张的情节，如误解、背叛、外部威胁等；4. 结局可以是开放性的，也可以是圆满的；5. 强调人物内心的情感变化和成长。

文心一言

　　剧本名称：《时光之岸》

　　背景设定：

　　未来都市——新曦市，一个融合了高科技与自然美景的繁华之地。高楼林立间，虚拟现实技术普及，人们的生活既便捷又充满无限可能，但人与人之间的真诚情感却似乎越来越难以触及。

　　主角介绍：

　　林浅：一位才华横溢的独立游戏开发者，性格内向，对世界充满好奇，因童年阴影而对亲密关系抱有恐惧。

　　苏墨：一名出色的网络安全专家，外表冷酷，内心温柔，因一次失败的救援行动背负着深深的自责。

　　故事梗概：

　　第 1 幕：相遇于虚拟与现实

　　新曦市的春季，林浅的游戏《时光之岸》即将发布，这是一款探索人性与爱的虚拟现实游戏，吸引了众多玩家，包括苏墨。在游戏中，他们化身为探险者，共同解谜，逐渐建立起深厚的友谊。一次偶然的机会，两人在现实世界的咖啡馆偶遇，发现彼此不仅是游戏中的伙伴，更是心灵上的共鸣者。

　　......

第 17 章

活动策划：秘塔 AI 搜索办公的高效应用

在当今快节奏的商业环境中，活动策划成为企业营销的关键一环。本章将深入解析活动策划的本质，探讨 AI 如何助力活动策划，详细阐述 AI 策划相较于传统策划的显著优势，并通过案例生动展示秘塔 AI 搜索在实际策划中的应用效果，助力策划人员提高工作效率。

秘塔 AI 搜索是上海秘塔网络科技有限公司开发的一款人工智能搜索引擎，没有广告，直达结果。首先，给大家介绍一下秘塔 AI 搜索的首页组成，如图 17-1 所示，帮助大家快速了解秘塔 AI 搜索的操作页面。

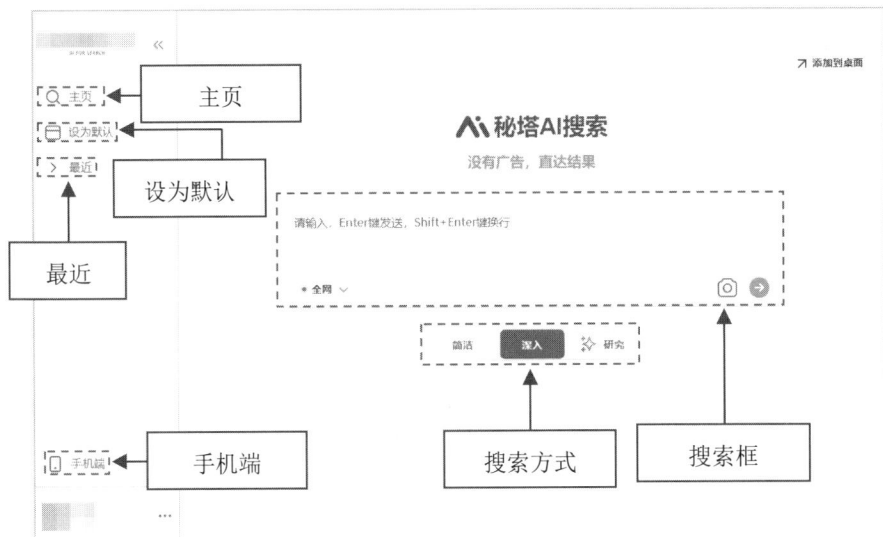

图 17-1　秘塔 AI 搜索的首页组成

17.1　活 动 策 划

活动策划是确保活动顺利进行的重要基石，而掌握策划技巧则是提升活动质量的关键。本节将带领读者深入了解活动策划的基本概念，探讨 AI 技术如何为活动策划带来革新，从而帮助读者学会利用 AI 技术来高效策划活动。

17.1.1　活动策划的概念

活动策划是指为了达成特定目标或效果，精心设计与规划的一系列行动方案。图 17-2 所示为活动策划的步骤。

在活动策划的每一个环节，都需要注意细节和风险管理。市场环境的变化、目标受众的偏好差异以及资源条件的限制等因素都可能对活动产生影响。因此，策划者需要具备敏锐的市场洞察力、深入的目标受众分析能力以及灵活的资源调配能力，以应对各种挑战和不确定性。

同时，注重团队协作和沟通也是活动策划成功的关键所在，只有团队成员之间紧密配合、相互支持，才能共同创造出精彩纷呈的活动成果。

明确目标与定位	清晰界定活动的目的和预期效果；确定活动的目标受众人群，了解他们的兴趣、需求和偏好
市场调研与竞品分析	分析竞品活动的优缺点，寻找差异化的创新点，以吸引目标受众的注意
创意构思与主题确定	根据目标与定位，提出创新的活动构思，确保活动具有吸引力和独特性；确定活动的主题和核心理念，作为贯穿整个活动的核心线索
制定详细的策划方案	规划活动的时间、地点、流程和内容等具体细节；设计活动的视觉形象、宣传材料和互动环节等，确保活动的整体呈现效果
准备物资和设备	根据活动内容和流程，准备必要的物资和设备，如道具、音响设备和餐点等；在活动前对场地进行布置，确保活动现场符合主题要求，营造良好的氛围
宣传和邀请参与者	通过各种渠道宣传活动，如社交媒体、邮件以及口头邀请等，提高活动的知名度和参与度；根据活动目标，邀请合适的参与者，如客户、合作伙伴和员工等

图 17-2　活动策划的步骤

17.1.2　AI 助力活动策划

活动策划作为营销和传播的重要环节，与 AI 的结合正日益紧密，AI 技术以其独特的优势，为活动策划带来了崭新的变革与提升。下面将详细介绍 AI 与活动策划的关系，以及 AI 如何为活动策划提供有力帮助。

1．AI 与活动策划的联系

AI 与活动策划有着密不可分的联系，以下从 3 个方面进行说明。

1）智能化策划流程

AI 技术的引入，使得活动策划的各个环节都实现了智能化。从需求分析、方案制定、资源整合到执行监控，AI 都能发挥重要作用。通过大数据分析，AI 能够精准把握目标受众的需求和偏好，为活动策划提供科学依据。同时，AI 还能自动生成创意文案和设计海报等，如图 17-3 所示，极大地提高了策划效率。

图 17-3　AI 生成的设计海报

2)　个性化体验升级

AI 技术的应用，使得活动策划更加注重参与者的个性化体验。通过智能推荐系统，AI 能够根据参与者的兴趣和需求，为他们提供定制化的活动内容和服务。

3)　实时互动与反馈

AI 技术还使得活动策划中的互动环节更加实时和高效。通过智能问答、语音识别等技术，AI 可以实时解答参与者的疑问，提供个性化的帮助。图 17-4 所示为 AI 语音识别系统的效果呈现。

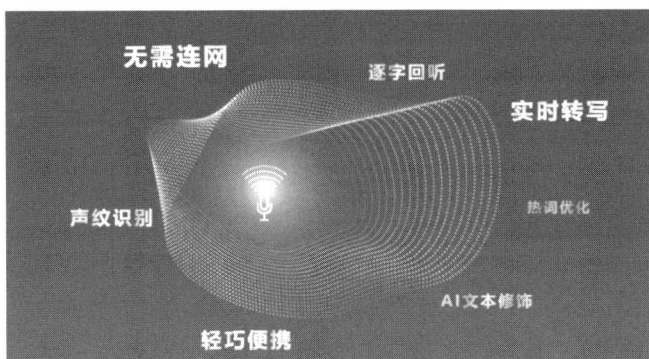

图 17-4　AI 语音识别系统的效果呈现

同时，AI 还能收集和分析参与者的反馈数据，为活动策划者提供实时调整和优化建议，确保活动的顺利进行和效果的最大化。

2. AI 对活动策划的帮助

AI 不仅可以提高活动策划的效率，还可以精准定位目标受众，进行智能化运营与管理，具体如下。

1) 提高策划效率

AI 技术的自动化和智能化特性，使得活动策划的各个环节更加高效。例如，AI 可以自动生成项目管理流程图、场地选择方案及日程安排等，减轻了策划者的工作负担。图 17-5 所示为 AI 生成的流程图示例。

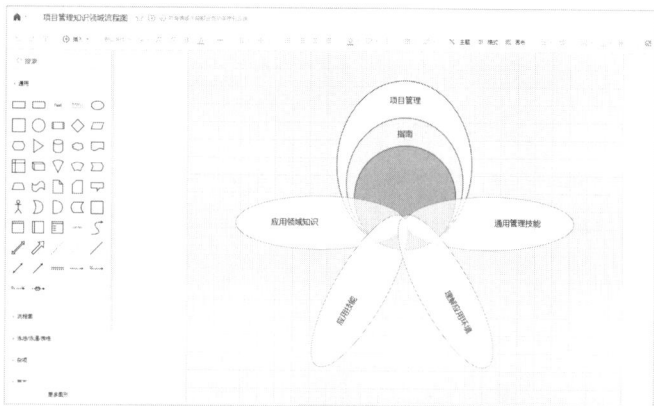

图 17-5　AI 生成的流程图示例

2) 精准定位目标受众

通过大数据分析，AI 能够精准把握目标受众的特征和需求，这为活动策划者提供了重要的参考依据，使他们能够制定出更符合目标受众口味的活动方案。例如，在营销活动中，AI 通过分析潜在客户的兴趣爱好、购买行为等数据，为活动策划者提供精准的市场定位和营销策略。

3) 智能化管理与运营

AI 技术的应用使得活动策划的管理和运营更加智能化。通过智能监控系统、人脸识别技术等手段，AI 可以对活动场地进行智能化管理，确保活动的顺利进行。同时，AI 还能实现自动化注册、登录和签到等功能，提升活动的管理效率。

17.1.3　AI 策划的优势

AI 的参与不仅为活动策划带来了全新的视角和工具，还极大地提升了活动的效率、精准度和创新性。下面将详细分析 AI 参与活动策划的几大优势。

1. 精准数据分析，洞察市场趋势

AI 通过大数据分析和机器学习技术，能够精准地分析目标受众的行为模式、兴趣偏好以及市场趋势，这种深度洞察为活动策划者提供了宝贵的参考依据，使他们能够更准确地把握市场需求，制定出符合受众口味的活动方案。

2. 自动化流程，提升工作效率

AI 的自动化特性极大地简化了活动策划的烦琐流程，从活动方案的初步构思到执行细节的落实，AI 都能提供智能化的辅助。例如，AI 可以自动生成活动日程表、场地布置图和嘉宾邀请函等文档，减轻策划者的工作负担。同时，AI 还能自动化处理报名信息、票务管理和现场签到等事务性工作，提高活动组织的整体效率。

3. 个性化定制，增强用户体验

AI 技术使得活动策划更加注重参与者的个性化体验，通过智能推荐系统、语音识别和人脸识别等技术，AI 能够为每位参与者提供定制化的活动内容和服务。

例如，在展览会上，AI 可以根据参观者的兴趣和历史行为数据，为他们推荐感兴趣的展品和讲座。这种个性化定制不仅提升了参与者的满意度和忠诚度，还增强了活动的吸引力和影响力。

4. 实时反馈与调整，优化活动效果

AI 的实时数据分析能力使得活动策划者能够及时了解参与者的反馈和行为数据，从而快速调整和优化活动方案。这种实时反馈机制有助于策划者及时发现问题、解决问题，确保活动的顺利进行和效果的最大化。

5. 创新创意，激发无限可能

AI 的创造力同样不容小觑，通过深度学习等先进技术，AI 能够生成创意文案、设计方案等内容，为活动策划者提供新的灵感和思路。这种创新创意不仅丰富了活动的内容和形式，还使得活动策划更具有前瞻性和竞争力。

6. 降低人力成本，提高经济效益

AI 的参与还有助于降低活动策划的人力成本，提高经济效益。通过自动化处理大量重复性工作、精准分析市场趋势和受众需求等手段，AI 能够减少人为错误和浪费资源的情况发生。

同时，AI 的个性化定制和实时反馈机制也有助于提高活动的参与度和转化率，从而增加活动的经济效益。

17.2 应 用 案 例

本节将带领读者深入探索秘塔 AI 如何在实际活动策划中大放异彩。每一个策划案例都生动地诠释了秘塔 AI 在提升活动策划效率与创意方面的独特优势。通过这些应用案例，策划人员可以有效利用 AI 工具，提高自己的工作效率。

17.2.1 折扣活动

折扣活动是一种促销手段，商家通过降低商品或服务的原价，以低于正常售价的价格提供给用户，从而吸引他们购买，增加销量。在折扣活动中，商家会设定一个折扣率或具体的折扣金额，用户购买时可以享受这个优惠，如直接降价、满减优惠和限时折扣等。用户可以利用 AI 自动生成一个折扣活动的策划方案，以节省自己的时间和精力。相关案例如下。

提示词

请根据"夏季清凉特惠"这个活动主题，做一个折扣活动的策划与执行方案，具体内容包括活动背景、活动目标、活动主题、活动内容、活动预算。

秘塔AI搜索

根据"夏季清凉特惠"这个活动主题，我们可以制定一个详细的折扣活动策划与执行方案。以下是该方案的具体内容：

活动背景

夏季是消费高峰期，特别是与消暑相关的商品和服务需求激增。通过举办"夏季清凉特惠"活动，可以满足消费者在炎热夏季对清凉产品的需求，同时提升品牌曝光度和销售额。

活动目标

1. 提升销售额：通过打折促销活动吸引顾客，增加销售量。

2. 增强品牌影响力：通过一系列清凉为主题的活动，提升品牌在消费者心中的地位。

3. 提高客户忠诚度：通过积分兑换和礼品赠送等方式，增强客户的黏性。

活动主题

"清凉夏季特惠"，以消暑产品和户外休闲活动为核心，营造清凉、舒适的购物体验。

活动内容

1. 商品折扣：对所有消暑产品(如风扇、喷雾水杯、制冰机等)进行大幅度折扣促销。

2. 积分兑换：顾客在活动期间购物可获得积分，积分可用于兑换酷爽好礼。

3. 宣传推广：通过社交媒体、线下广告等多种渠道进行宣传，确保活动信息覆盖广泛。

……

17.2.2　菜品上新

　　菜品上新活动是餐饮行业为了吸引顾客、提升品牌形象和保持市场竞争力而定期或不定期推出新菜品的一系列营销举措。这些活动不仅丰富了餐厅的菜单，还能满足顾客对新鲜事物的追求，增强顾客的消费体验。AI 可以帮助用户生成一个创意独特的活动策划方案。相关案例如下。

👤 提示词

　　请根据"素食新品上市"这个活动主题，做一个菜品上新活动的策划与执行方案，具体内容包括市场分析、菜品定位、宣传策略、菜品展示、文案设计等。

秘塔AI搜索

素食新品上市活动策划与执行方案

一、市场分析

1. 市场需求：

(1)　当前人们的健康意识日益增强，越来越多的消费者开始关注素食饮食，特别是年轻人群体。

(2)　素食不仅有助于身体健康，还能减少环境负担，符合可持续发展的理念。

2. 竞争状况：

(1)　市场上已有不少素食餐厅和品牌，但高质量、创新的素食产品仍然稀缺。

(2)　消费者对素食产品的口味、营养和创意有更高的要求。

二、菜品定位

1. 目标客户：

(1)　健康意识强的年轻人和素食爱好者。

(2)　对环保和可持续生活方式感兴趣的消费者。

2. 产品特色：

(1)　新品将以新鲜、有机的食材为主，注重营养均衡和口感多样。

(2)　推出创新的素食菜品，如素食汉堡、素食寿司、素食披萨等，满足不同消费者的需求。

3. 价格策略：

定价适中，既能体现产品的高品质，又能让广大消费者接受。

......

17.2.3　酒店婚宴

　　酒店婚宴活动是指在新人选择酒店作为婚礼场地时，酒店为满足新人及其宾客在婚礼期间的各种需求而提供的一系列综合性服务活动，通常包括婚宴的筹备、场地布置、餐饮服务、音响灯光、摄影摄像、司仪主持以及婚礼仪式流程的安排等。酒店婚宴活动不仅是一场庆祝新人结婚的盛宴，也是展现酒店服务品质与特色的重要窗口。AI 可以帮助策划人员生成一套酒店婚宴活动方案。相关案例如下。

提示词

请根据"浪漫花园主题婚宴"这个活动主题，做一个酒店婚宴活动的策划与执行方案，具体内容包括主题含义、布置要素、费用预算、婚礼执行、影像发放。

秘塔AI搜索

浪漫花园主题婚宴策划与执行方案

一、主题含义

浪漫花园主题婚宴旨在营造一个充满自然气息和浪漫氛围的婚礼现场。通过使用花卉装饰、绿色植物以及柔和的灯光，使整个婚礼场地仿佛置身于一个美丽的花园中，新人和宾客都能感受到大自然的美丽与宁静。

二、布置要素

1. 舞台布置：舞台是婚礼的核心，应设置在场地的正前方或中央。舞台背景墙可以使用繁花装饰，新人的婚纱照和婚礼 Logo 也可以作为背景的一部分。

2. 通道布置：婚礼通道可以用鲜花和绿植装饰，营造出一条通往幸福的花径。

3. 桌椅布置：每张餐桌都可以用白色桌布和鲜花点缀，确保整体色调与花园主题一致。

4. 灯光与音响：使用柔和的灯光和背景音乐，营造出浪漫而温馨的氛围。

三、费用预算

1. 婚宴场地费用：中档婚宴场地每桌约 4000 元起，按 10 桌计算，总费用约为 4 万元。

2. 婚庆布置费：包括花卉装饰、灯光音响等，预算约为 2 万元。

3. 婚礼策划费：中档预算在 2 万～10 万元，具体取决于定制化服务的需求。

4. 备用金：预留总预算的 10%左右，以应对可能的超支情况。

四、婚礼执行

......

17.2.4 汽车试驾

汽车试驾活动是指在购车前，用户通过试乘试驾的方式来了解车辆的性能、驾驶感受以及车辆在不同路况下的表现，它旨在帮助用户更直观地了解车辆，从而做出更明智的购车决策。AI 可以帮助销售人员生成汽车试驾活动方案。相关案例如下。

提示词

请根据"智能驾驶体验日"这个活动主题，做一个汽车试驾活动的策划与执行方案，具体内容包括项目需求、策略思考、活动规划、传播规划、运营保障。

Ⓜ 秘塔AI搜索

　　为了策划和执行一场以"智能驾驶体验日"为主题的汽车试驾活动，我们需要从项目需求、策略思考、活动规划、传播规划和运营保障 5 个方面进行详细规划。

　　一、项目需求

　　1. 目标明确： 增强消费者对智能驾驶技术的认知，提升品牌知名度和市场占有率。

　　2. 参与人群： 主要面向对智能驾驶感兴趣的消费者，尤其是年轻人，他们对新技术接受度高。

　　3. 场地选择： 选择交通便利且具有代表性的城市区域，如科技园区或商业中心附近，以吸引更多的参与者。

　　二、策略思考

　　1. 展示亮点： 重点展示智能驾驶技术的先进性和安全性，如华为 ADS 2.0 系统、小鹏无图城市辅助驾驶等。

　　2. 互动体验： 设置互动环节，如模拟驾驶体验区，让参与者亲身体验智能驾驶所带来的便利和乐趣。

　　3. 安全教育： 在试驾前提供安全指导和操作说明，确保参与者了解如何安全地使用智能驾驶的功能。

　　三、活动规划

　　1. 时间安排： 选择周末或节假日进行，以便吸引更多家庭和朋友一起参与。

　　2. 路线设计： 设计包含城市道路、高速路和复杂路况的试驾路线，展示智能驾驶在不同场景下的表现。

　　……

第 18 章

产品运营：360 智脑办公的高效应用

在智能化办公日益盛行的今天，360 智脑的高效应用成为产品运营的新焦点。通过掌握一系列运营技巧，用户可以最大化地发挥 360 智脑的潜力。本章将通过多个应用案例，展示 360 智脑在实际运营中的卓越表现，为运营人员提供宝贵的参考与借鉴。

首先，给大家介绍一下 360 智脑的首页组成，如图 18-1 所示，帮助大家快速
了解 360 智脑的操作页面。

图 18-1　360 智脑的首页组成

18.1　运营技巧

在数字化和智能化的大潮中，产品运营也迎来了 AI 技术的全面渗透。AI 产品运营策略不仅提高了运营效率，也极大地提升了品牌的知名度和用户体验。本节将对 AI 产品运营技巧进行深入分析和讨论，助力运营人员更好地利用 AI 提升工作效率。

18.1.1　制定与优化方案

对于运营人员来说，制定一份全面且细致的运营方案至关重要，它有助于明确运营目标、规划实施路径、优化资源配置、预测潜在风险，并确保各项活动能够有条不紊地推进，最终实现业务增长与用户满意度的双重提升。

然而，如何快速、高效地制定优质的产品运营方案，成为众多运营人员面临的一大挑战。AI 技术的引入为这一问题的解决提供了新的思路，相关分析如下。

1. 智能方案制定：模仿与创新并存

对于运营人员来说，方案的制定是一个既需要速度又需要质量的过程。传统的方案策划往往依赖于人工的调研、分析和撰写，这不仅耗时耗力，而且难以全面捕捉并满足不同用户群体的需求。而 AI 技术的引入，为方案的制定提供了新的可能。

方案的智能化制定主要依赖于自然语言处理和机器学习等技术。通过训练模型，

AI 能够学习并模仿人类的语言习惯，生成符合语法和语境的文本内容，满足用户对信息的需求。

以电商平台为例，许多平台已经采用 AI 技术来自动生成个性化的商品推荐方案。通过对用户历史购买数据、浏览记录以及搜索关键词等海量信息的深度分析，AI 能够精准地识别用户的偏好和需求，并自动生成符合其个性化口味的商品推荐列表。这不仅显著提升了商品推荐的精准度和用户满意度，还极大地促进了商品的销售和转化。

2. 智能方案优化：数据驱动的个性化改进

除了方案生成外，方案的优化同样是运营过程中的关键环节。一个出色的方案不仅能吸引用户关注，还能显著提升产品的购买转化率。然而，如何不断精进现有方案，使之更加贴合用户的喜好和需求，成为运营人员亟待解决的重要课题。

AI 技术同样为方案优化提供了有效的解决方案。通过深入分析用户行为和实时反馈数据，AI 可以精准地了解用户对内容的偏好和需求信息，从而对方案进行精细化的优化和个性化的改进。这种基于数据的优化方式，使方案内容更加符合用户的口味，提高了用户的满意度和参与度。

3. 智能方案生成与优化的重要性

智能方案生成与优化在运营过程中具有重要意义。首先，它解决了传统方案生产方式中面临的效率低下、质量不稳定等问题，通过 AI 技术的应用，运营人员可以快速生成大量优质方案，提高产品的曝光度；其次，智能方案优化使得方案更加符合用户的口味和需求，提高了用户的满意度和黏性，这有助于增强用户对品牌的忠诚度，提高产品的购买转化率。

18.1.2　构建画像与实现营销

对于产品运营来说，用户始终是运营的核心。了解用户的需求和兴趣，是制定有效运营方案的基础。AI 技术通过收集和分析用户数据，可以帮助运营人员构建精准的用户画像，制定有针对性的运营方案，为精准营销提供有力支持，相关分析如下。

1. 用户画像的构建

用户画像是对用户行为、兴趣、偏好等的全面描述。AI 技术通过对用户数据的深度分析，能够迅速且准确地构建出用户画像。

这些画像不仅包含了用户的年龄、性别、地域、职业等基本信息，还能深入挖掘用户的兴趣点和潜在需求。

2. 精准营销的实际应用

基于这些画像，运营人员可以制定更加精准的运营方案，实现个性化推送和精准营销。以下是一些精准营销的实际应用案例。

(1) 个性化方案推荐。根据用户画像中的兴趣和偏好，运营人员可以向用户推荐符合其口味的产品方案，以提高用户对产品的兴趣，从而增加产品的销量。

(2) 精准产品投放。通过分析用户画像中的基本信息和兴趣点，运营人员可以将产品投放到目标用户群体中，实现产品与服务的精准投放。这种有的放矢的运营策略不仅可以大幅提高产品的购买转化率，还能降低运营成本。

(3) 定制化服务。基于用户画像中的职业、需求等信息，企业可以为用户提供定制化的服务。例如，在线教育平台可以根据学生的学习情况和需求，为其推荐合适的课程和学习资源；电商平台可以根据用户的购物习惯和偏好，为其推荐符合其需求的商品和服务。

3. 用户画像与精准营销的重要性

用户画像与精准营销在产品运营中具有重要意义。首先，通过构建精准的用户画像，企业可以更加深入地了解用户的需求和兴趣，从而制定更加符合用户需求的运营方案；其次，精准营销可以提高产品的购买转化率，降低运营成本，提高企业的盈利能力；最后，个性化推送和精准营销可以提高用户黏性，增强用户对企业的信任度。

18.1.3　进行社交媒体传播

在数字化时代，社交媒体已成为产品运营不可或缺的一部分，它不仅是用户交流和分享信息的场所，更是品牌推广、内容营销的重要渠道。随着 AI 技术的不断进步，其在社交媒体传播中发挥着越来越重要的作用，为企业带来了全新的运营策略。相关分析如下。

1. AI 技术助力用户行为分析

在产品运营中，用户行为是制定运营方案的重要依据。AI 技术通过收集和分析用户在社交媒体上的点赞、评论、分享等数据，可以深入了解用户的兴趣和需求。这种深度分析使运营人员能够更准确地把握用户心理，预测用户行为，从而为产品的推广提供有力支持。

例如，通过分析用户在社交媒体上的互动频率和时间段，AI 能够揭示用户的活跃周期与偏好时段。基于这些洞察，运营者可以巧妙地安排方案内容的发布时间，如在用户活跃度最高的时段推送新产品信息或促销活动，从而最大化新产品的曝光率和用户的参与度。

2. 智能推荐算法优化内容分发

在产品运营中，方案内容的分发和推广对于提高产品的曝光度和传播效果至关重要。智能推荐算法的核心在于对用户和产品内容的深度理解和匹配。通过分析用户的历史行为、社交关系以及内容特征等信息，AI可以构建出用户的兴趣图谱和内容标签体系。基于这些标签体系，算法可以实时地为用户推荐符合其兴趣和需求的产品，从而提升产品的销量。

3. AI实时监测舆情动态

社交媒体作为产品运营中不可忽视的舆论场，对品牌形象的塑造与维护起着至关重要的作用。AI技术为产品运营团队在社交媒体上的舆情监测带来了革命性的提升，通过实时追踪并分析用户反馈与评论，助力运营者迅速识别并应对负面舆情，有效维护产品的品牌形象与市场声誉。

在产品运营的舆情监测环节，AI系统能够自动搜集社交媒体上的海量信息，并运用情感分析与话题聚类技术对这些数据进行深度解读。这一过程使运营者能够迅速把握与产品相关的事件或话题趋势，洞悉用户对这些事件的看法与情绪倾向，及时发现可能损害品牌形象的潜在风险点。基于这些洞察，AI还能辅助运营团队制定针对性的应对策略，比如发布正面声明、澄清误解或引导舆论走向，以确保产品运营过程中的品牌形象得到妥善维护。

18.2 应 用 案 例

本节将详细介绍360智脑如何助力用户成为产品运营的能手，无论是撰写精准的产品说明书、制订品牌推广计划，还是生成产品调研问卷，360智脑都将以其强大的功能，为用户提供有力的支持和指导，让用户在产品运营的道路上更加得心应手，轻松应对各种挑战。

18.2.1 产品说明书

产品说明书是对某一产品的详细介绍和说明，通常包括产品的功能、特点、使用方法、注意事项、维护保养等内容。它是消费者了解和使用产品的重要指南，也是企业向消费者传递产品信息、保障消费者权益的重要工具。

360智脑拥有先进的自然语言生成技术，能够根据用户输入的产品信息，自动生成结构清晰、语言流畅的产品说明书。相关案例如下。

提示词

请作为一名[智能家居]设计专家，写一份[智能音箱]说明书，要求目标读者明确、使用场景清晰、功能说明详细、示例直观、语言简洁明了。

360 智脑

智能音箱用户说明书

一、目标读者

本说明书适用于首次使用智能音箱的用户，包括家庭用户、科技爱好者和智能家居新手。

二、使用场景

1. 家庭娱乐：播放音乐、听有声书、收听广播。

2. 日常生活助手：设置闹钟、设置提醒、查询天气。

3. 智能家居控制：控制家中的智能设备，如灯光、空调、电视等。

4. 教育学习：查询百科知识、学习外语、听新闻。

三、功能说明

1. 语音控制：

(1)　激活方式：说出唤醒词"小度小度"。

(2)　基本指令：播放音乐、查询天气、设置闹钟等。

(3)　示例：

"小度小度，播放歌曲《稻香》。"

"小度小度，明天北京的天气怎么样？"

"小度小度，早上6点叫我起床。"

......

18.2.2　品牌推广计划

　　品牌推广计划是为提高品牌知名度和市场影响力而制定的策略，通常包括市场分析、目标受众、推广渠道和评估指标等要素。它旨在系统规划品牌活动，以实现特定的市场目标。使用 360 智脑生成品牌推广计划，可以提高效率和创造力，它能够快速提供市场洞察和策略建议，帮助用户准确定位目标受众。相关案例如下。

提示词

请为一家新兴的有机食品品牌制定品牌推广计划，包括目标受众分析、社交媒体策略和预算分配，重点突出品牌的有机性和健康理念。

360 智脑

以下是一个新兴有机食品品牌的品牌推广计划：

一、目标受众分析

1. 健康意识较强的消费者

(1)　特征：关注自身健康，注重饮食营养均衡，愿意为高品质食品支付更高价格。他们通常会积极寻找有机、无添加的食品，会阅读食品标签，对食品来源和生产过程有较高关注度。

(2)　消费习惯： 这类消费者可能会定期购买有机蔬菜、水果、全谷物等产品，经常在健康食品商店、有机市场或高端超市购物。他们也可能会订阅健康饮食相关的杂志或关注健康博主。

2. 年轻家庭(有小孩的家庭)

(1)　特征： 对孩子的健康成长极为重视，希望为孩子提供最健康、最天然的食品。父母年龄大概在 25～40 岁，有一定的消费能力，且愿意尝试新的品牌。

(2)　消费习惯： 在为家庭采购食品时，会优先考虑有机婴儿食品、有机奶制品等。他们会通过网络搜索适合孩子的健康食品，也会参考其他家长的建议。

3. 环保主义者

(1)　特征： 关注环境保护，深知有机农业对环境的积极影响，如减少化学污染、保护土壤和水资源等。他们在选择产品时，更倾向于支持符合环保理念的品牌。

(2)　消费习惯： 除了购买有机食品外，还会关注产品的包装是否环保。他们可能活跃于环保组织或社区，参与环保活动。

二、社交媒体策略

……

18.2.3　产品运营对策

　　产品运营对策是为提高产品的市场表现、用户满意度和盈利能力而制定的具体策略，通常涉及市场分析、用户反馈、产品改进、定价策略和推广活动等。

　　使用 360 智脑生成产品运营对策具有显著优势，它可以快速分析市场趋势和用户需求，提供数据驱动的建议，通过提出多种创意和改进方案，可以促进产品创新。另外，通过自动化生成详细的执行计划，提高了用户的工作效率，节省了时间和资源。相关案例如下。

提示词

为一款智能扫地机器人制定产品运营对策，重点提升用户体验和市场份额。

360 智脑

以下是针对智能扫地机器人提升用户体验和市场份额的产品运营对策：

一、用户体验方面

1. 产品优化

(1)　清洁性能提升

定期收集用户反馈，了解在不同家居环境(如地毯、木地板、瓷砖等)下的清洁效果。例如，如果用户反映在清洁地毯时毛发容易缠绕滚刷，研发团队可以设计新的防缠绕滚刷结构。

根据用户家庭面积和布局的大数据分析，优化扫地机器人的清扫路径算法，提高清扫覆盖率，减少遗漏区域。

(2) 智能交互改进

增强语音交互功能。除了基本的操作指令(如开始清扫、返回充电等)，增加更多自然语言交互指令，例如"清扫客厅沙发底下"等特定区域清扫指令。

在手机 App 上优化界面设计，使其操作更加简单直观。提供一键清扫、定时清扫等功能的快捷入口，并且可以直观地查看扫地机器人的工作状态(如电量、清洁进度等)。

2. 售后服务

(1) 建立快速响应机制

开通多种售后服务渠道，包括客服电话、在线客服、电子邮件等。确保用户反馈问题后，能在 24 小时内得到初步回应。

……

18.2.4　产品调研问卷

产品调研问卷主要用于收集消费者对某一产品或服务的反馈意见，旨在获取用户需求、满意度和市场趋势等信息，通常包含选择题、开放式问题和评分项。

360 智脑可以根据产品特点和目标受众快速设计相关问题，确保问卷的针对性和有效性，还能提供多样化的问题格式，帮助企业收集全面的数据，从而促进数据分析和决策。整体而言，360 智脑简化了调研过程，使企业能更好地把握市场动态。相关案例如下。

提示词

为一款新推出的在线健康咨询平台制定产品调研问卷，包括用户使用习惯、满意度评价、功能需求及改进建议，重点了解用户体验和满意度。

360 智脑

以下是一份关于新推出的在线健康咨询平台的产品调研问卷：

一、用户基本信息

1. 您的性别：

A. 男

B. 女

2. 您的年龄：

A. 18～25 岁

B. 26～35 岁

C. 36～45 岁

D. 46～55 岁

E. 55 岁以上

3. 您的职业：

A. 学生

B. 上班族

C. 自由职业者

D. 退休人员

E. 其他(请注明)

二、用户使用习惯

1. 您是否使用过在线健康咨询平台？

A. 是

B. 否(如果选择否，直接跳至第 7 题)

……

18.2.5　市场调研报告

产品市场调研报告是系统总结市场调研结果的文档，旨在分析消费者需求、竞争环境、市场趋势和产品定位等信息，主要包括数据分析、图表展示和策略建议，帮助企业制定有效的市场策略。360 智脑可以快速整理和分析大量数据，提取关键信息，并生成清晰易懂的报告结构。相关案例如下。

提示词

撰写一份针对新推出的智能手表的市场调研报告，包括目标消费者分析、竞争对手研究、市场趋势和用户反馈总结。

360 智脑

智能手表市场调研报告

一、目标消费者分析

1. 年龄层次：

主要集中在 18～45 岁，尤其是年轻人和中年人。

2. 性别：

男女比例相当，但男性略多。

3. 收入水平：

中高收入家庭，愿意为高科技产品支付溢价。

4. 职业：

白领、科技工作者、学生和运动爱好者。

5. 消费习惯：

(1)　注重新技术，喜欢尝试智能穿戴设备。

(2)　关注产品的功能性和设计感。

6. 媒体偏好:

(1)   经常使用社交媒体，特别是微博、微信、抖音等平台。

(2)   喜欢阅读科技博客和观看产品评测视频。

......

第 19 章

智能电商：PiccoPilot 办公的高效应用

随着科技的飞速发展，智能电商已成为推动商业进步的重要力量。PiccoPilot 作为一款前沿的智能电商工具，正以其卓越的性能和丰富的功能，引领着电商办公的新潮流。本章将全面介绍 PiccoPilot 的高效应用，从电商技巧到核心功能，为您揭示 PiccoPilot 如何助力企业实现电商营销的全面升级。

PiccoPilot 是由阿里巴巴国际 AI 团队打造的一款 AI 驱动的电商图片优化工具。首先，给大家介绍一下 PiccoPilot 的首页组成，如图 19-1 所示，帮助大家快速了解 PiccoPilot 的操作页面。

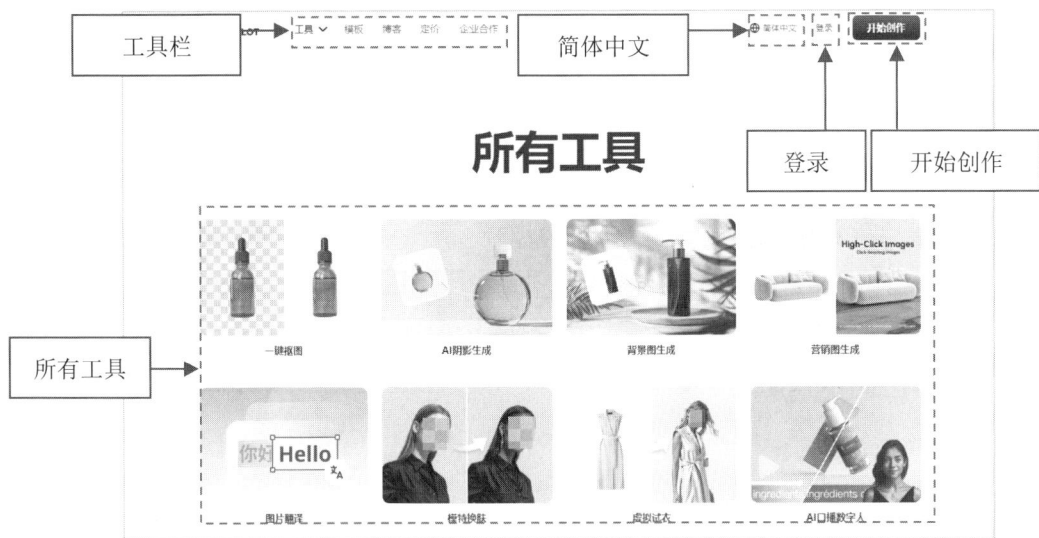

图 19-1　PiccoPilot 的首页组成

19.1　电商技巧

掌握电商技巧是企业在激烈的市场竞争中脱颖而出的关键。本节将深入探讨电商技巧，从认识电商营销，逐步深化至如何布局营销策略，最后聚焦于如何通过创新思维重塑电商营销，以适应不断变化的市场环境，帮助电商商家扩大市场份额。

19.1.1　认识电商营销

在数字经济蓬勃发展的今天，电商营销的发展历程如同一部生动的科技进化史，实现了从传统模式到智能时代的跨越。图 19-2 所示为露华浓品牌的电商自营营销方案示例。

1. 传统电商营销的局限与挑战

早期的电商营销主要依托于搜索引擎优化、电子邮件营销和社交媒体推广等传统手段。搜索引擎优化(Search Engine Optimization, SEO)通过优化网站结构和内容，提高搜索引擎排名，从而吸引更多流量。电子邮件营销(Email Direct Marketing，EDM)则利用邮件列表向订阅用户发送促销信息。而社交媒体推广则借助热门平台，扩大品牌曝光度。这些策略在一定程度上提升了品牌的知名度和销售额，但其局限性也逐渐显现。

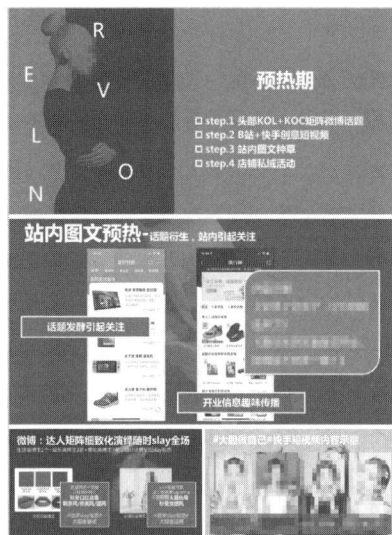

图 19-2　露华浓品牌的电商自营营销方案示例

首先，传统电商营销往往缺乏精准性。无论是 SEO 还是 EDM，都难以实现对目标用户的精准定位，导致营销信息往往被大量非潜在客户接收，造成资源浪费。其次，个性化不足也是传统电商营销的一大痛点。在消费者需求日益多元化的今天，千篇一律的营销内容难以激发用户的购买欲望。

2. 大数据与云计算：电商营销的智能化前奏

随着大数据和云计算技术的兴起，电商营销开始迎来智能化转型的曙光。大数据技术能够收集并分析海量用户行为数据，为商家提供丰富的市场洞察。而云计算则以其强大的数据处理能力和弹性扩展性，为电商平台的稳定运行和高效运营提供了有力保障。图 19-3 为云计算架构模型框图。

大数据的应用使得商家能够更深入地了解消费者的需求和偏好，从而制定更加精准的营销策略。同时，云计算的普及也降低了电商平台的运营成本，提高了系统的可靠性和响应速度，为电商营销的智能化转型奠定了坚实的基础。

专家提醒

MySQL(MySQL Database Management System)是一个开源的关系型数据库管理系统，由瑞典MySQL AB公司开发，目前属于Oracle旗下产品。

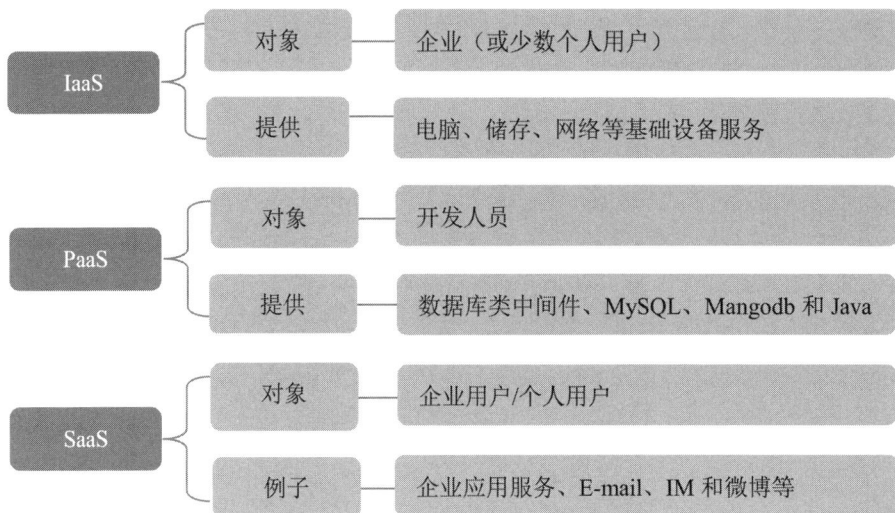

图 19-3　云计算架构模型框图

19.1.2　深化营销布局

全网营销的第一步，是建立在对海量数据的全面分析和深度挖掘之上。AI 技术通过跨平台、跨渠道的数据整合，能够精准描绘出用户的画像。

图 19-4 所示为 AI 针对用户画像提炼出的用户标签，包括年龄、偏好和社会角色等，为商家提供了宝贵的市场情报。这些数据不仅帮助商家识别出目标用户群体，还能预测市场趋势，为营销策略的制定提供科学依据。

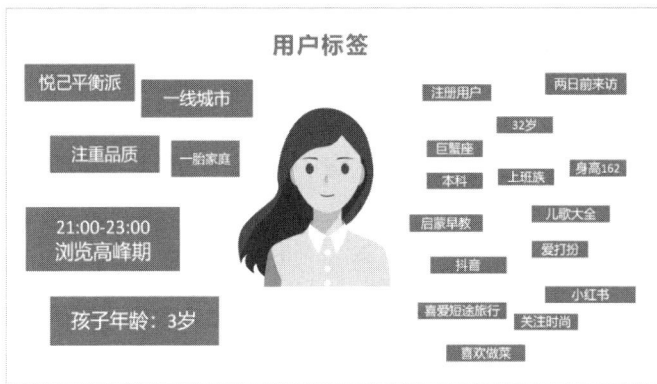

图 19-4　AI 针对用户画像提炼出的用户标签

基于 AI 的数据分析结果，商家可以实施更加精准的营销策略。通过个性化推荐系统、智能广告投放等手段，商家能够确保营销信息精准触达目标用户，减少资源浪费，提高转化率。例如，AI 可以根据用户的浏览历史和购买记录，为其推送个性化的商品推荐，提升用户体验的同时，也促进了销售增长。

AI 技术的应用还极大地提升了电商营销的自动化和智能化水平。从营销活动的策划、执行到效果评估，AI 都能够提供全方位的支持。自动化工具能够减少人工操作，降低错误率，提高工作效率；而智能化系统则能根据实时数据反馈，动态调整营销策略，确保营销活动的持续优化。这种高效的营销管理体系，使得商家能够更快地响应市场变化，抓住商机。

19.1.3　重塑电商营销

当人工智能被引入电商营销领域时，全新的销售模式被推出，AI 通过智能化手段，为电商行业提供了诸多便利与机遇。下面从 4 个角度来说明 AI 为电商领域带来的效益与亮点。

1. 个性化推荐：精准触达用户心智

在电商领域，用户的注意力是最宝贵的资源。AI 技术通过深度学习、大数据分析等先进技术，能够智能推荐与用户兴趣高度匹配的商品，实现"千人千面"的个性化展示。这种推荐方式不仅大大提升了用户的购物满意度和忠诚度，还有效促进了商品的销售转化，让商家能够更精准地捕捉市场机遇，把握方向。

2. 智能客服：24 小时不间断的贴心服务

传统电商客服面临人力成本高、响应速度慢等问题，而 AI 客服的出现则完美解决了这些痛点。图 19-5 所示为网易云商旗下的七鱼在线机器人客服答疑示例。

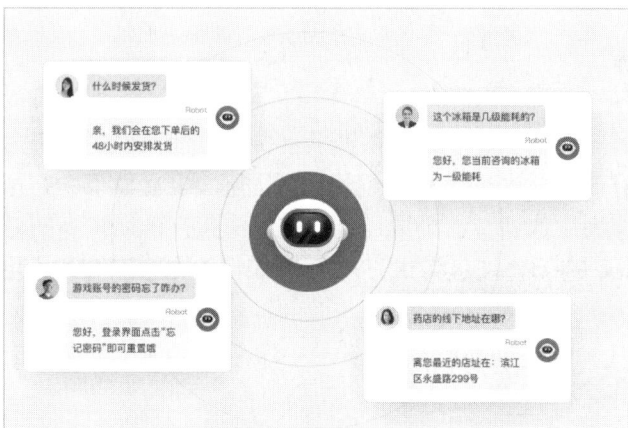

图 19-5　网易云商旗下的七鱼在线机器人客服答疑示例

AI 客服不仅能够实现 24 小时不间断服务，还能通过自然语言处理技术，与用户进行流畅、智能的对话，解答各种咨询、处理订单问题。这种高效、低成本的服务模式，不仅提升了用户体验，还减轻了商家的运营负担。更重要的是，AI 客服能够不断学习和优化，随着交互次数的增加，其服务质量和用户满意度也将持续提升。

3. 精准营销：数据驱动下的高效投放

在营销领域，AI 通过大数据分析，能够精准描绘用户画像，识别出潜在的目标用户群体。基于这些分析结果，商家可以制定针对性的营销策略，如精准投放广告、开展个性化促销活动等。这种精准营销方式不仅提高了营销资源的利用效率，还显著提升了营销效果和投资回报率(Return On Investment，ROI)，帮助商家在激烈的市场竞争中脱颖而出。

4. 内容营销：AI 助力创意无限

内容营销是电商营销的重要组成部分，而 AI 技术的加入则为内容创作带来了无限可能。利用 AI 图像生成技术，商家可以快速制作出高质量的商品图片和视频，吸引用户的目光。图 19-6 为 AI 生成的商品图。

同时，AI 写作技术也能根据产品特性和市场需求，自动生成富有吸引力的产品描述和推广文案。这些由 AI 生成的内容不仅节省了人力成本，还提高了内容创作的效率和质量，为商家提供了更多元化的营销手段。

图 19-6　AI 生成的商品图

19.2　核 心 功 能

在竞争激烈的电商市场中，如何快速吸引并留住消费者的注意力，成为商家们亟待解决的关键问题。PiccoPilot 作为阿里巴巴国际 AI 团队倾力打造的智能图片与营销优化工具，正以其强大的 AI 能力，为电商营销带来前所未有的变革与提升。本节将介绍 PiccoPilot 的 5 大核心功能，揭示其如何助力电商商家优化营销效果，实现业绩的飞跃。

19.2.1　商品抠图

PiccoPilot 的一键抠图功能，如图 19-7 所示，是基于深度学习与先进图像分割技术的结晶。它不仅能够智能识别图片中的商品主体与背景，还能以惊人的精确度将其分离。无论是商品表面细腻的纹理、复杂的图案，还是边缘处难以察觉的细微差别，PiccoPilot 都能一一捕捉并完美保留，确保抠图结果既干净又自然。

图 19-7　PiccoPilot 的一键抠图功能

这一功能的引入，极大地减轻了商家在图片处理上的负担。以往，商家可能需要借助专业的图像处理软件，花费大量时间和精力进行手动抠图，不仅效率低下，而且难以保证每次抠图的质量。而现在，有了 PiccoPilot 的一键抠图功能，商家只需简单上传商品图片，单击按钮，即可在瞬间获得一张专业级的、无背景的商品图片。

更重要的是，干净、专业的商品图片能够显著提升商品的展示效果。在电商平台上，一张清晰、突出主体的商品图片往往能够更快地吸引顾客的目光，激发其购买欲望，而 PiccoPilot 的一键抠图功能，能够帮助商家实现这一目标。

另外，PiccoPilot 还提供了丰富的背景模板和自定义选项，商家可以根据需要为抠出的商品更换背景，进一步提升图片的视觉效果和吸引力。无论是纯色背景、渐变背景还是品牌专属背景，都能轻松实现，让商品图片更符合品牌形象和市场定位。

19.2.2　营销图

在电商的激烈竞争中，一张富有创意与吸引力的商品详情图，往往是促成交易的关键。PiccoPilot 洞察了这一需求，推出了实用性强的营销图生成功能，旨在帮助商家快速、高效地打造出令人瞩目的商品展示效果，如图 19-8 所示。

该功能的核心在于其集成的丰富模板库与智能设计算法。模板库中汇聚了众多行业领先设计师的心血，涵盖了从简约时尚到奢华复古等多种风格，确保商家能够找到与自身品牌调性相契合的模板。

智能设计算法则如同一位隐形的设计师，能够根据商品特性(如颜色、形状和材质等)以及商家的营销需求(如促销信息、卖点强调等)，自动调整布局、色彩搭配与元素组合，生成既符合品牌风格又紧跟市场潮流的详情图。

图 19-8　PiccoPilot 的营销图生成功能

另外，PiccoPilot 的营销图生成功能还支持高度自定义。商家可以根据自己的喜好与需求，对生成的详情图进行微调，如调整字体大小、颜色以及位置等，以确保最终效果完全符合预期。这种灵活性与个性化定制的能力，使得 PiccoPilot 成为众多商家不可或缺的营销利器。

19.2.3　背景图

在电商的浩瀚海洋中，商品主图如同店铺的门面，直接决定了消费者是否愿意进一步探索。因此，一张精心设计的商品主图，对于提升商品吸引力和促进销售转化至关重要。PiccoPilot 敏锐地捕捉到了这一需求，推出了其创新的背景图生成功能，如图 19-9 所示，为商家打造了一个快速、高效且个性化的主图制作平台。

该功能的核心在于其强大的智能分析能力。PiccoPilot 能够深入解析商品特性，包括但不限于商品的颜色、形状、材质以及所传达的品牌调性，同时紧跟市场趋势，了解当前消费者偏好的视觉风格。基于这些深度洞察，PiccoPilot 为商家精心准备了多样化的背景图选项，涵盖清新简约、高端奢华和复古怀旧等多种风格，搭配丰富的色彩和精心策划的布局设计。

商家在使用这一功能时，只需进行简单的操作。首先，上传商品图片；随后，PiccoPilot 的智能系统会立即启动分析流程，并根据分析结果推荐最适合该商品的背景图选项。商家可以预览不同背景图的效果，并一键选择最满意的那个。整个过程流畅快捷，无需任何设计基础，即可轻松完成商品主图的制作。

图 19-9　PiccoPilot 的背景图生成功能

通过 PiccoPilot 的背景图生成功能，商家不仅能够迅速为商品换上最合适的背景，还能显著提升主图的美观度和专业性。

一张精心设计的商品主图，能够瞬间抓住消费者的目光，激发他们的购买兴趣，从而有效提升点击率和转化率。这对于商家而言，无疑是一笔宝贵的财富，有助于在竞争激烈的电商市场中脱颖而出，赢得更多的市场份额和顾客青睐。

19.2.4　AI 时装模特

随着科技的飞速发展，PiccoPilot 以其独特的 AI 时装模特功能，正引领一场时尚电商展示的革命，极大地简化了电子商务流程，为商家带来了便利与效益。

PiccoPilot 的 AI 时装模特功能，依托先进的深度学习技术，能够精准模拟真实模特的体态、动作乃至情感表达，为每一件商品量身打造出逼真、生动的模特展示效果。这一技术的核心在于其强大的数据处理与图像生成能力，能够细致入微地捕捉服装的质感、剪裁与穿着效果，让消费者仿佛置身于线下试衣间，感受服装的每一个细节与魅力。图 19-10 所示为 PiccoPilot 的模特换肤功能。

商家在使用 PiccoPilot 的 AI 时装模特功能时，只需简单上传商品图片及选定的模特模板，系统便能自动完成模特的体型调整、服装贴合与动作姿态的优化，快速生成一系列高质量的模特展示图。

这一过程不仅大大缩短了商品上新的周期，降低了对实体模特及摄影团队的依赖，还显著减少了拍摄成本与后期制作时间，让商家能够更专注于商品设计与市场策略的制定。

图 19-10　PiccoPilot 的模特换肤功能

　　另外，AI 时装模特功能的引入，还为时尚电商行业带来了更多的可能性与创意空间。商家可以根据市场需求与消费者偏好，灵活调整模特的肤色、发型、妆容乃至场景背景，创造出更加多元化的展示效果，进一步提升商品的吸引力与竞争力。

19.2.5　虚拟试衣

　　在数字化转型的浪潮中，虚拟试穿技术犹如一股清新的风，正悄然改变着电商行业的面貌，成为吸引消费者、提升购物乐趣与效率的关键利器。PiccoPilot 作为这一领域的佼佼者，其精心研发的虚拟试衣功能，如图 19-11 所示，巧妙地融合了最前沿的 AR 技术，为用户打造了一场前所未有的沉浸式购物盛宴。

图 19-11　PiccoPilot 的虚拟试衣功能

　　通过 PiccoPilot 的虚拟试衣平台，消费者不再受限于实体店的限制，只需轻轻一点，即可在手机或平板电脑的屏幕上，实时看到自己"穿上"心仪商品的效果。无论是时尚服饰的优雅剪裁，还是鞋履的舒适贴合，甚至是配饰的巧妙搭配，都能以近乎真实的效果呈现在眼前，让消费者在享受便捷购物的同时，也能深刻体会到商品的独特魅力与个性风采。

　　这一创新技术的应用，极大地提升了消费者的购物体验。它消除了线上购物中常见的"尺码不合""风格不符"等顾虑，让消费者在决定购买前就能获得直观、准确的预览，从而做出更加满意的选择。另外，虚拟试衣技术还激发了消费者的探索欲和购买欲，促使他们更愿意尝试新款式、新搭配，进而带动商品转化率的显著提升。

第 20 章

市场营销：讯飞星火办公的高效应用

在数字化时代，市场营销迎来了 AI 技术的革新。本章旨在揭示讯飞星火如何助力市场营销领域实现智能化升级。通过丰富的应用案例，展示其在市场营销中的广泛应用与显著成效，从而为企业的市场推广提供强有力的支持。

讯飞星火是科大讯飞公司推出的一款 AI 大语言模型，旨在通过先进的人工智能技术提升自然语言处理的能力，帮助用户快速完成各种任务。首先，给大家介绍一下讯飞星火的首页组成，如图 20-1 所示，帮助大家快速了解讯飞星火的操作页面。

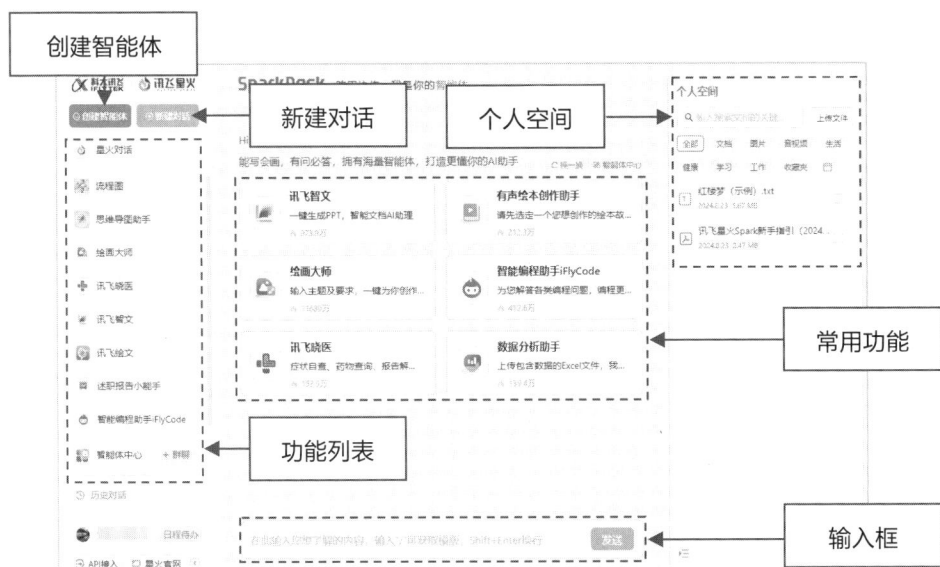

图 20-1　讯飞星火的首页组成

20.1　营 销 技 巧

在当今商业竞争日益激烈的背景下，人工智能以其强大的数据分析能力，为营销领域带来了前所未有的变革。通过深度学习用户行为、精准预测市场趋势，AI 营销能够为企业量身定制营销策略，实现个性化推广与高效转化。

掌握 AI 营销技术，不仅意味着企业能够更精准地触达目标客户，更预示着其可以在激烈的市场竞争中占据先机，开启智慧营销的新篇章。

20.1.1　AI 营销概述

在当今这个数字化时代，营销领域正经历着前所未有的变革，而 AI 营销正是这场变革中的一股强劲力量。下面分别从几个维度来阐述人工智能营销。

1. 定义

人工智能营销，是指利用先进的人工智能技术(如机器学习、自然语言处理等)来优化、改进和自动化市场营销活动的全过程。它不仅重塑了传统的营销方式，还为企业带来了前所未有的营销效率和精准度。

人工智能营销的核心在于将 AI 技术与市场营销策略深度融合，通过复杂的算法和模型，AI 能够处理和分析海量的消费者数据，从中挖掘出有价值的信息和洞见，进而指导企业制定更加精准和有效的营销策略。这一过程不仅减轻了营销人员的工作负担，还极大地提高了营销活动的效率和准确性。

2. 核心应用

人工智能营销的核心应用广泛而深入，涵盖了市场营销的多个关键环节。首先，在消费者行为预测方面，AI 能够基于历史数据和市场趋势，预测用户的购买意向和偏好，从而帮助企业提前布局市场，抢占先机。

其次，个性化内容推荐也是 AI 营销的一大亮点。通过分析用户的浏览历史、购买记录和社交媒体互动等信息，AI 能够为用户量身定制个性化的产品推荐和营销信息，从而提升用户体验和满意度。

最后，自动化广告投放和智能客服也是 AI 营销的重要组成部分。自动化广告投放能够根据用户的兴趣和行为习惯，实现广告的精准投放；而智能客服则能够 24 小时不间断地为用户提供咨询服务，解决用户的问题和疑虑，增强用户黏性。

3. 目标

人工智能营销的最终目标是提高营销效率和精准度，并增强用户体验，从而促进品牌增长和用户忠诚度。通过 AI 技术的应用，企业能够更加精准地定位目标市场，制定针对性的营销策略，提高营销活动的转化率和投资回报率。

同时，个性化的内容推荐和智能客服等服务也能够提升用户的购物体验和满意度，增强用户对品牌的认同感和忠诚度，最终，这些都将为企业的品牌增长和长期发展奠定坚实的基础。

基于用户反馈和市场数据，人工智能可以帮助企业不断优化产品和服务。通过持续改进和创新，企业能够提供更具竞争力的产品和服务，满足用户的多样化需求。

20.1.2　使用 AI 进行营销

在当今这个数字化与智能化并行的时代，营销人员需要紧跟技术潮流，掌握并运用人工智能这一强大工具来提升营销效率和效果。下面是营销人员如何有效使用人工智能的几个关键步骤。

1. 技术准备

首先，营销人员需要具备一定的 AI 基础知识，包括了解机器学习、自然语言处理、数据分析等核心概念和技术原理。这不仅有助于他们更好地理解 AI 的工作原理，还能在后续的应用中做出更明智的决策。

其次，熟悉并掌握常用的 AI 工具和平台也是必不可少的，如数据分析软件、自动化营销平台、AI 内容生成工具等。这些工具将成为营销人员实施 AI 营销的重要助手。图 20-2 所示为自动化营销平台 mautic，风格清新简洁，有着完备而全面的功能。

图 20-2　自动化营销平台 mautic

2. 数据收集与分析

数据是 AI 营销的基石，营销人员需要利用 AI 工具全面收集并分析用户数据，这些数据包括但不限于用户的浏览行为、购买历史、社交媒体互动、搜索记录等。通过对这些数据的深入分析，可以构建出详尽的用户画像，了解用户的兴趣、偏好、需求及行为模式，这些洞察将为企业制定精准的营销策略提供有力支持。

例如，抖音平台推出的抖音热点宝功能，通过短视频热点和关键词进行 AI 分析，能够精准定位相关人群。图 20-3 展示了抖音热点宝对抖音平台账号热度的数据分析及排名。

3. 策略制定

基于 AI 分析的结果，营销人员可以制定出更加个性化的营销策略。例如，根据用户的购买历史和浏览行为，为他们推荐定制化的产品或服务；根据用户的地理位置和兴趣偏好，实施精准的广告投放；利用 AI 内容生成工具，快速创作出符合用户口味的内容等。这些策略不仅能够提高营销的精准度和有效性，还能增强用户的购物体验和满意度。

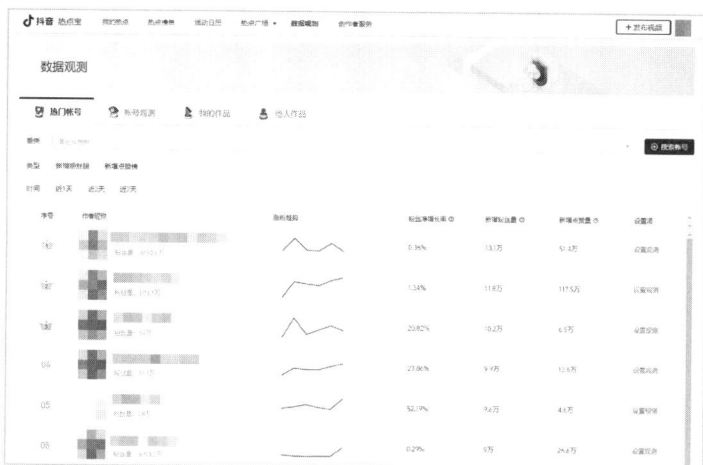

图 20-3　热点宝的数据分析及排名

4．执行与监测

在执行营销策略时，AI 平台能够自动化地完成许多烦琐的任务，如广告投放、邮件推送、社交媒体管理等，这极大地减轻了营销人员的工作负担，使他们能够更专注于策略的制定和优化。

同时，AI 平台还具备实时监测功能，能够实时跟踪营销活动的进展情况，包括点击率、转化率、用户反馈等指标。这些数据将为营销人员提供宝贵的反馈信息，帮助他们及时了解营销效果并调整策略。

5．优化与迭代

根据营销效果的反馈，营销人员需要不断优化 AI 模型和营销策略，包括调整模型参数以提高预测准确性、优化推荐算法以提升个性化程度、改进广告创意以提高点击率等。同时，随着市场和用户的变化，营销策略也需要不断迭代更新，以适应新的形势。通过持续的优化和迭代，营销人员可以不断提升 AI 营销的效果和竞争力。

20.1.3　增强市场营销的效能

在市场营销领域，人工智能技术的引入正逐步改变着传统的营销方式和策略，为企业带来了前所未有的优势。从精准营销到效率提升，再到数据驱动决策和持续学习与优化，AI 技术在市场营销中展现出了其独特的魅力和价值，相关分析如下。

1．精准营销

AI 技术的最大亮点之一是能够实现精准营销。通过分析用户行为数据，包括浏览行为、购买历史、社交媒体互动等，AI 为企业提供了个性化的营销机会。此外，企业可以实施定制化的产品推荐、精准的广告投放等策略，将最符合用户需求的产品和服务直接送达用户手中。这种精准营销不仅提高了营销的命中率，还极大地提升了用户体验和满意度。

2. 效率提升

在市场营销过程中，AI 技术还带来了显著的效率提升。传统的营销方式往往需要大量的人力投入，包括市场调研、数据分析、广告投放等环节，而 AI 技术的引入则实现了这些流程的自动化和智能化。

例如，AI 可以自动收集并分析用户数据，无需人工干预；AI 平台可以自动执行广告投放任务，实现精准投放和效果监测；AI 客服可以 24 小时不间断地为用户提供咨询服务，解决用户的问题和疑虑。这些自动化和智能化的功能不仅减轻了营销人员的工作负担，还降低了人力成本，显著提高了工作效率。

3. 数据驱动决策

AI 技术还为企业决策提供了强大的数据支持。在数据为王的时代，企业决策的准确性和科学性往往取决于数据的丰富程度和分析能力。

AI 技术通过其强大的数据处理和分析能力，能够为企业提供全面的市场洞察和用户分析，这些洞察和分析不仅揭示了市场的变化趋势和用户需求的变化，还为企业制定营销策略和决策提供了可信赖的科学依据。基于这些数据驱动的决策，企业可以更加精准地把握市场机会，降低决策风险，提高营销效果。

4. 持续学习与优化

AI 技术的另一个重要优势是自我学习和优化的能力。与传统的营销策略不同，AI 技术能够根据市场变化和用户反馈不断调整和优化策略，通过不断学习和迭代，AI 模型能够逐渐提高预测准确性和个性化程度，为企业带来更好的营销效果。

同时，AI 技术还能够实时监测营销活动的效果和反馈，及时调整策略以应对市场变化，这种持续学习和不断优化的能力使得 AI 技术在市场营销中更具竞争力和适应性。

20.2 应 用 案 例

在市场营销的广阔舞台上，讯飞星火不仅是我们的得力助手，更是从新手迈向高手的桥梁，从撰写详尽的市场营销计划，到创意无限的营销活动标语，再到吸引目光的产品软文，讯飞星火都是我们不可或缺的助手。本节将深入探讨讯飞星火如何助力我们成为市场营销的行家，让每一次营销活动都精准有力、直击人心。

20.2.1　市场营销计划

市场营销计划是企业为推广其产品或服务而制定的系统性战略，旨在明确目标、识别市场机会、规划营销活动和评估绩效。讯飞星火能够快速分析市场趋势，帮助识别目标受众和潜在机会。此外，它还能提供多种营销策略建议，促进创新和多样性。通过自动生成详细的预算和执行计划，讯飞星火提高了策划效率，减少了时间成本。相关案例如下。

提示词

请作为一名市场营销专家，制定一份[手工灯笼]中秋节市场营销计划，需要制定合理的营销时间线和效果评估标准。

讯飞星火

手工灯笼中秋节市场营销计划

一、目标概述

1. 提升品牌知名度： 通过多渠道营销活动，增加手工灯笼品牌的市场曝光度。

2. 促进销售增长： 在中秋节期间，通过促销活动和用户互动，提升手工灯笼的销量。

3. 增强用户忠诚度： 通过优质的用户体验和售后服务，增强用户对品牌的忠诚度。

二、目标受众分析

1. 年龄层次：

主要集中在 18～45 岁，尤其是年轻家庭和文化爱好者。

2. 性别：

男女比例相当，但女性略多。

3. 收入水平：

中等收入家庭，愿意为有文化和艺术价值的产品支付溢价。

4. 消费习惯：

注重传统文化和节日氛围，喜欢购买具有文化意义的节日礼品。

······

20.2.2　营销活动标语

营销活动标语是用于宣传和推广某一产品、服务或品牌的简短而有力的口号，旨在引起目标受众的注意并传达核心信息。一个有效的标语能够激发情感、强化品牌认知，并鼓励消费者采取行动。讯飞星火能够迅速提供多种风格和主题的活动标语建议，帮助品牌探索不同的表达方式。相关案例如下。

提示词

为一场促销活动设计营销活动标语，突出新推出的天然护肤品的自然和温和特点，吸引目标消费者关注并激励购买。

讯飞星火

1. 自然呵护，温和护肤——体验天然之美！
2. 纯净源自大自然，温柔守护您的肌肤。
3. 拥抱自然，享受温和——全新天然护肤品系列！
4. 天然成分，温和力量——为您的肌肤带来纯净呵护。
5. 让肌肤呼吸自然的清新，感受温和的抚触。
6. 无添加，更安心——天然护肤品，温和护肤新选择。
7. 从自然中来，到您身边——温和护肤，美丽不刺激。
8. 温和而强大，天然的力量——新推出护肤品系列。
9. 唤醒肌肤的自然活力，体验温和的护肤之旅。
10. 天然精粹，温和呵护——打造健康肌肤的秘密。

20.2.3　产品营销软文

产品营销软文是一种以宣传和推广特定产品或服务为目的的内容，通常采用故事性、情感化的写作风格，以引起读者的共鸣和兴趣，通过提供有价值的信息、解决消费者的痛点，进而吸引他们的注意，促进购买决策。

使用讯飞星火生成产品营销软文可以提高创作效率，迅速产出多样化的文案。同时，讯飞星火能够结合市场趋势和用户需求，生成具有吸引力的内容，节省时间并降低人力成本，帮助营销人员更好地推广产品。相关案例如下。

提示词

撰写一篇关于新款手工咖啡的产品营销软文，突出其独特风味、精心烘焙和休闲时光的享受，结合咖啡爱好者的实际使用体验，吸引目标消费者关注，限 600 字。

讯飞星火

沉静时光，手作咖啡香——体验新款手工咖啡的独特风味之旅

在这个快节奏的时代里，我们总是在寻找那一片可以让心灵停靠的港湾。今天，我想与您分享一款特别的咖啡——我们的新款手工咖啡，它不仅是一种饮品，更是一段独特的味觉旅行，带您领略不同于市售咖啡的精致风味。

精心烘焙，独特风味

这款手工咖啡源自精选的阿拉比卡豆，经过我们专业烘焙师的精心烘焙，保留了豆子本身的丰富香气和微甜的味道。每一口都透露出淡淡的果酸与巧克力的余韵，让人回味无穷。无论是早晨的第一缕阳光，还是午后的悠闲时光，一杯手工咖啡，总能给您带来不一样的感受。

细致入微，刺激味蕾

我们的烘焙过程是由资深烘焙师亲自把关，以精湛的技艺调整火候与时间，确保每一批豆子的风味都能得到最大程度的展现。轻、中、深三种烘焙程度的选择，满足了不同口味偏好的需求。从浅焙的果酸明亮到深焙的醇厚甘甜，总有一款能触动您的味蕾。

……

20.2.4　4P 营销分析方案

4P 营销分析方案是以产品(Product)、价格(Price)、渠道(Place)、促销(Promotion)4 个要素为基础的市场营销策略框架。通过分析这 4 个要素，企业能够制定有效的市场进入和推广策略，以满足目标客户的需求。生成 4P 营销分析方案时，讯飞星火可以快速构建全面的分析模型，节省时间并提高效率，还能结合市场数据和行业趋势，提供针对性的建议，帮助企业优化各个要素的组合。相关案例如下。

提示词

制定一份针对新款多功能电饭煲的 4P 营销分析方案，涵盖产品特点、定价策略、销售渠道和促销活动，确保市场定位准确有效。

讯飞星火

为了制定一份针对新款多功能电饭煲的 4P 营销分析方案，我们需要详细考虑产品(Product)、价格(Price)、渠道(Place)和促销(Promotion)4 个方面。以下是一个详细的分析方案。

一、产品(Product)

产品特点

1. **多功能性**：除了基本的煮饭功能外，还应具备蒸、炖、煮粥、煲汤等多种烹饪模式。
2. **智能化**：配备智能控制系统，如网络连接、App 远程控制、语音控制等。
3. **健康烹饪**：使用非粘性涂层内胆，减少油烟，保持食物原味，同时易于清洁。
4. **节能环保**：采用节能技术，减少能耗，符合现代家庭的绿色生活理念。
5. **设计美观**：外观时尚，颜色多样，满足不同消费者的审美需求。
6. **安全性能**：具备多重安全保护措施，如过热保护、干烧自动断电等。

二、价格(Price)

定价策略

……

20.2.5　社交媒体营销策略

社交媒体营销策略是通过社交平台(如微博、抖音、快手、小红书等)推广品牌、产品或服务的计划，旨在提高品牌曝光率、增强客户关系并促进销售。

讯飞星火能够分析最新的社交媒体趋势和用户行为，提供数据驱动的建议，帮助营销人员制定有效的社交媒体营销策略。相关案例如下。

提示词

制定一份针对新款休闲鞋的社交媒体营销策略，主要提升品牌曝光率和用户参与度。

讯飞星火

新款休闲鞋社交媒体营销策略

一、目标概述

1. 提升品牌曝光率： 通过多渠道的社交媒体推广，增加品牌在目标用户中的曝光度。

2. 增强用户参与度： 通过互动活动和用户生成内容，提高用户的参与度和品牌忠诚度。

二、目标受众

1. 年龄层次：

主要集中在 18～35 岁，尤其是年轻人和都市白领。

2. 性别：

男女比例相当，但女性略多。

3. 兴趣爱好：

喜欢时尚潮流，关注生活方式和休闲文化。

4. 媒体偏好：

……

第 21 章

直播卖货：腾讯智影办公的高效应用

在数字化浪潮的推动下，直播卖货已成为现代商业的重要一环。腾讯智影以其强大的功能和创新的技术，为直播卖货带来了前所未有的变化，不仅降低了商家的人工成本，还助力其实现销售增长。

腾讯智影是腾讯公司推出的一款基于云的智能视频创作工具，于 2023 年 3 月 30 日正式发布。首先，给大家介绍一下腾讯智影的首页组成，如图 21-1 所示，帮助大家快速了解腾讯智影的操作页面。

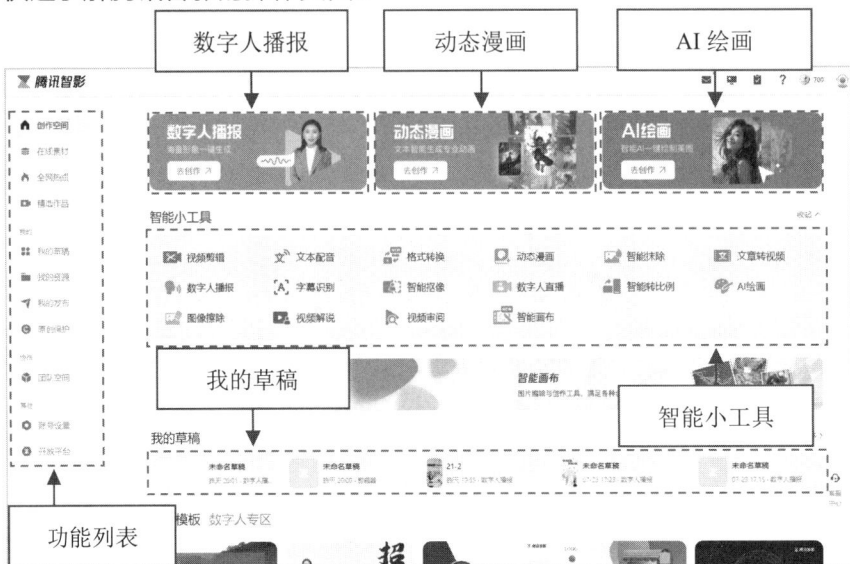

图 21-1　腾讯智影的首页组成

21.1　卖货技巧

AI 直播卖货作为一种新兴的销售模式，正在逐渐改变传统的电商生态。本节主要介绍这一领域的概况、运作原理及技巧，揭开 AI 直播卖货的神秘面纱，让用户对其有更清晰的认识。

21.1.1　AI 直播卖货的概念

AI 直播卖货的技术概念主要围绕人工智能技术在直播带货领域的应用展开，它融合了深度学习、自然语言处理、计算机视觉、大数据分析等多项先进技术，以实现直播间自动化运营和高效销售。以下是详细解析。

1. 技术基础

技术基础是支撑其运行与发展的坚实基石，这些技术并非孤立存在，而是相互交织、共同作用于整个直播流程之中，为 AI 主播的智能化表现提供了强有力的支持。具体表现如图 21-2 所示。

人工智能	→	AI 直播卖货通过机器学习、深度学习等算法，能够模拟人类主播的行为，进行商品介绍、互动回复等
自然语言处理	→	自然语言处理技术能够让 AI 主播理解和生成自然语言，流畅地回答观众的问题，营造出真实的购物氛围
计算机视觉	→	用于实现数字人物的表情模拟、动作控制等功能，使 AI 主播在直播过程中能够呈现出生动、自然的形象
大数据分析	→	通过分析用户的浏览历史和购买历史，AI 能够精准推送符合其个性化需求的商品信息，从而提高转化率和用户满意度

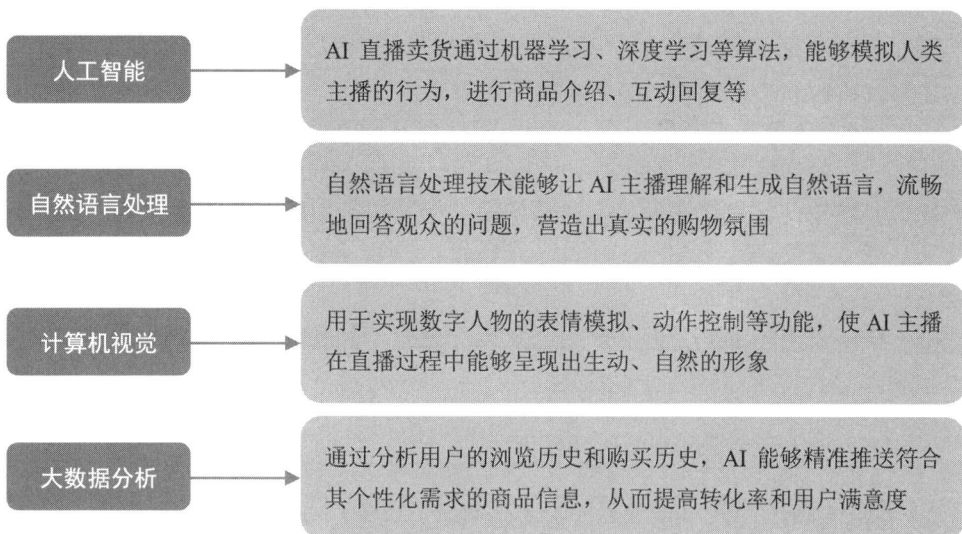

图 21-2　AI 直播卖货的技术基础

2. 应用场景

AI 直播卖货有着多样化的应用场景，这些场景不仅体现了技术的实用性，也预示着电商行业未来的发展趋势。从基础但至关重要的虚拟主播角色，到个性化推荐的精准营销，再到实时互动的优化体验，AI 正以一种润物细无声的方式，悄然改变着直播带货的生态。

(1) 虚拟主播。AI 技术催生了大量虚拟主播，它们不仅拥有 24 小时不间断的工作能力，还能通过深度学习不断优化表情、语调，使互动更加自然流畅。这些虚拟主播能够像真人一样与用户进行互动，推荐商品。

(2) 智能推荐。基于大数据分析，AI 能够精准识别用户偏好，实现个性化商品推荐。这种"一对一"的定制化服务大大提高了转化率和用户满意度。

(3) 实时互动优化。AI 能够实时监测直播间内的观众反馈，包括弹幕、点赞、评论等，快速分析并调整直播内容，甚至推荐相关产品，实现高效的人机互动。

3. 技术实现步骤

AI 直播卖货所需的技术实现这一过程既是理论与实践的紧密结合，也是将创新想法转化为实际生产力的关键环节。通过条理清晰、步步为营的方法论，我们可以确保 AI 直播卖货项目的顺利推进，并为后续的持续优化奠定坚实的基础。

(1) 选择平台与设备。选择适合的大型直播平台(如淘宝、抖音、快手等)和高质量的直播设备(如高清摄像头、麦克风等)。

(2) 配置 AI 带货系统。通过深度学习、自然语言处理、计算机视觉等先进技术，构建 AI 带货系统，模拟人类主播的语音、表情和动作等。

（3）制定直播计划与脚本。确定直播的时间、内容、推广策略，并编写直播脚本，包括开场白、产品介绍、互动环节等。

（4）集成 AI 技术与直播环境。将 AI 带货系统与直播平台对接，并配置直播间的背景、灯光、音效等环境，确保直播画面清晰、声音流畅。

（5）监控与优化直播过程。实时监控直播效果和用户反馈，通过数据分析工具了解观看人数、互动率、转化率等指标，并根据数据分析结果及时调整直播策略和内容。

（6）结束直播与数据分析。直播结束后，通过平台提供的数据分析工具对直播效果进行深入分析，为下一次直播提供参考。

21.1.2 AI 直播卖货的原理

AI 直播卖货的技术原理是一个复杂而精密的系统工程，融合了人工智能、计算机视觉，语音合成，自然语言处理和多模态交互技术等，通过智能化、自动化的方式为用户提供更加便捷、高效的购物体验。

随着技术的不断进步和应用场景的不断拓展，AI 直播卖货将在未来发挥更加重要的作用。下面对这些技术原理进行详细解析，如图 21-3 所示。

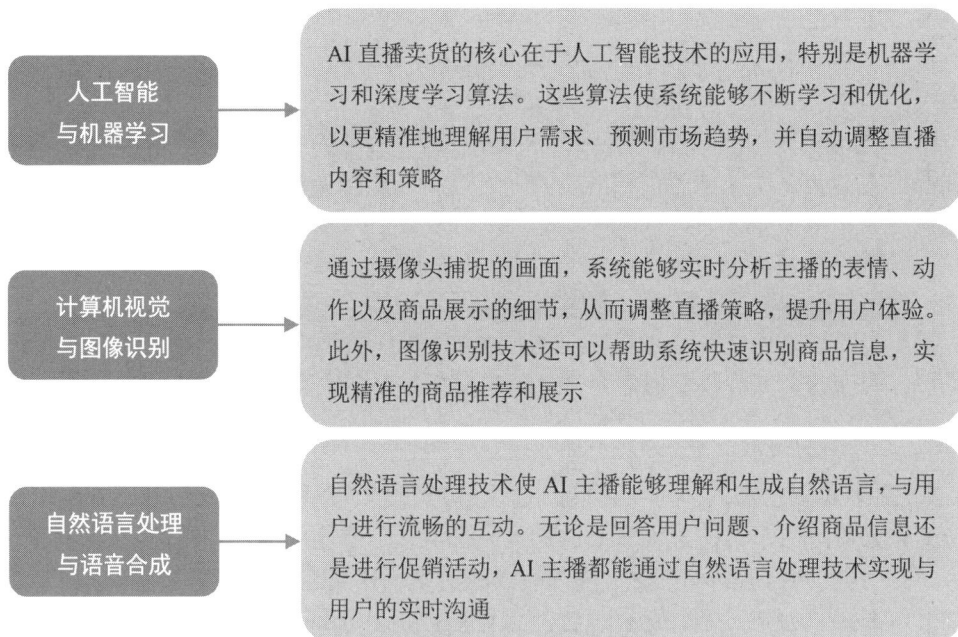

人工智能与机器学习	AI 直播卖货的核心在于人工智能技术的应用，特别是机器学习和深度学习算法。这些算法使系统能够不断学习和优化，以更精准地理解用户需求、预测市场趋势，并自动调整直播内容和策略
计算机视觉与图像识别	通过摄像头捕捉的画面，系统能够实时分析主播的表情、动作以及商品展示的细节，从而调整直播策略，提升用户体验。此外，图像识别技术还可以帮助系统快速识别商品信息，实现精准的商品推荐和展示
自然语言处理与语音合成	自然语言处理技术使 AI 主播能够理解和生成自然语言，与用户进行流畅的互动。无论是回答用户问题、介绍商品信息还是进行促销活动，AI 主播都能通过自然语言处理技术实现与用户的实时沟通

图 21-3 AI 直播卖货的技术原理

大数据分析 与个性化推荐	→	通过对用户行为、购买记录、用户偏好等海量信息的深度挖掘和分析，系统能够精准地了解用户需求，实现个性化商品推荐。这种基于数据的智能推荐系统不仅改善了用户的购物体验，还促进了商品的销售转化
自动化 与智能化控制	→	AI直播卖货还依赖于自动化和智能化控制技术。通过预设的脚本和算法，系统能够自动执行直播流程中的各个环节。同时，系统还能根据实时数据反馈和用户反馈进行智能调整和优化，确保直播效果的最大化

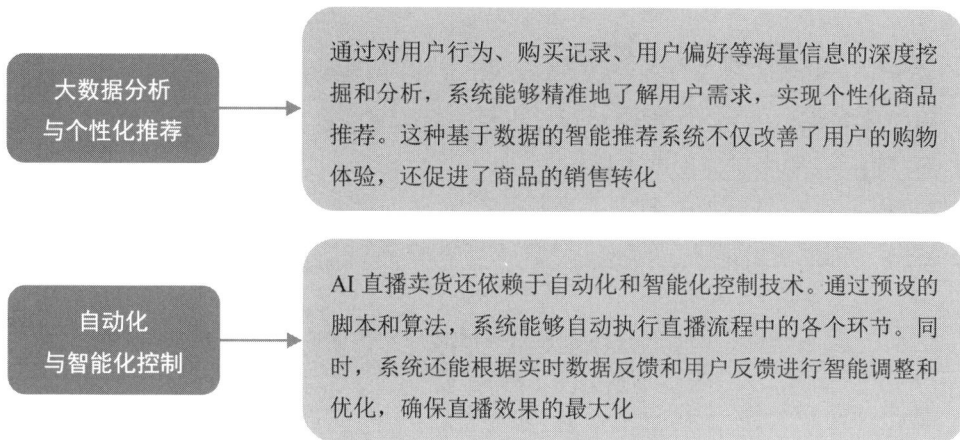

图 21-3　AI直播卖货的技术原理(续)

21.2　应 用 案 例

　　电商直播数字人视频的制作可以通过腾讯智影平台轻松完成。首先，选择一个合适的数字人模板，并根据电商带货的风格和需求调整数字人的形象；其次，利用文本驱动功能，让数字人开始介绍商品；再次，根据视频内容替换背景，以增强视觉效果；最后，更改文字，确保它们与视频内容和风格相匹配，从而完成一个吸引观众的电商带货视频。最终效果如图 21-4 所示。本节将介绍如何使用腾讯智影制作电商直播数字人。

图 21-4　效果展示

21.2.1 创建数字人模板

利用腾讯智影制作电商直播数字人之前，首先需要创建一个数字人模板。下面介绍如何在腾讯智影中创建数字人模板。

STEP 01 进入腾讯智影的"创作空间"页面，单击"数字人播报"选项区中的"去创作"按钮，如图 21-5 所示。

图 21-5 单击"去创作"按钮

STEP 02 执行操作后，进入相应页面，展开"模板"面板，切换至"竖版"选项卡，如图 21-6 所示。

STEP 03 选择一个电商类的数字人模板，单击预览图，弹出"夏季限定饮品"对话框，单击"应用"按钮，如图 21-7 所示。

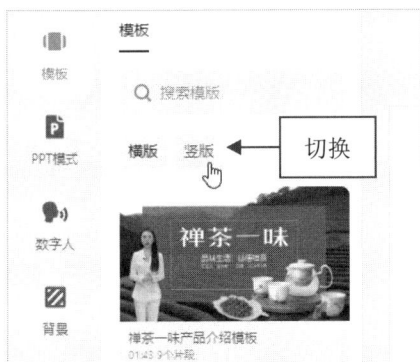

图 21-6 切换至"竖版"选项卡

图 21-7 单击"应用"按钮

STEP 04 执行操作后，即可添加相应的视频模板，如图 21-8 所示。

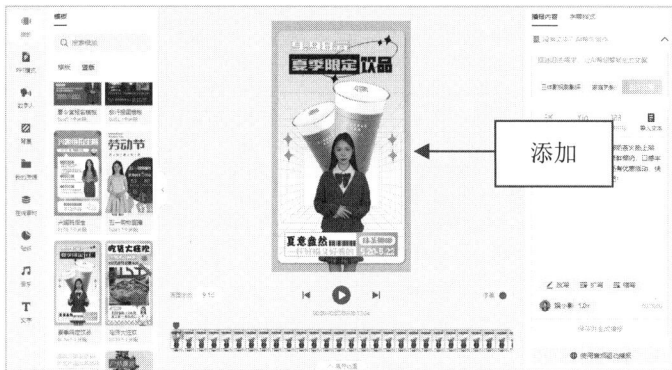

图 21-8　添加相应的视频模板

21.2.2　调整数字人大小

为了使画面更加和谐美观，在数字人模板创建之后，用户可以根据自己的需要适当地调整数字人的大小。下面介绍调整数字人大小的具体操作方法。

STEP 01　展开"数字人"面板，在"预置形象"选项卡中，选择"冰璇"数字人形象，如图 21-9 所示。

STEP 02　在预览区中选中数字人，在编辑区中切换至"画面"选项卡，如图 21-10 所示，调整数字人的位置和大小。

图 21-9　选择"冰璇"数字人形象

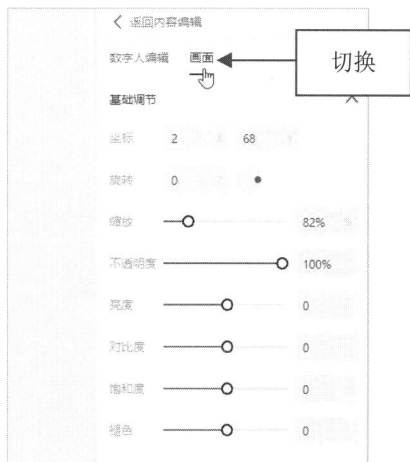

图 21-10　切换至"画面"选项卡

STEP 03　设置"X 坐标"为-102、"Y 坐标"为 95，"缩放"为 73%，如图 21-11 所示，给商品视频留出更多的空间，让数字人看起来更符合观众的审美需求。

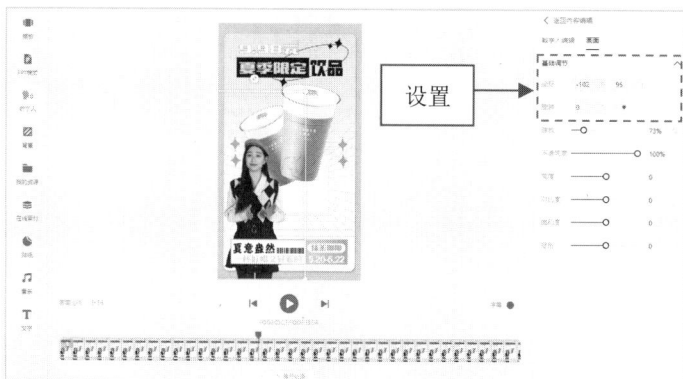

图 21-11　设置数字人的相应参数

21.2.3　生成播报内容

在调整完数字人大小后，用户可以导入文本以生成播报内容。下面介绍生成播报内容的具体操作方法。

STEP 01 在编辑区中清空模板中的文字内容，单击"导入文本"按钮；即可导入整理好的文本内容，如图 21-12 所示。

STEP 02 将鼠标指针定位到文中的相应位置，单击"插入停顿"按钮，在弹出的下拉菜单中选择"停顿 0.5 秒"命令，即可插入一个 0.5 秒的停顿标记。使用同样的方法，插入多个 0.5 秒的停顿标志，如图 21-13 所示。

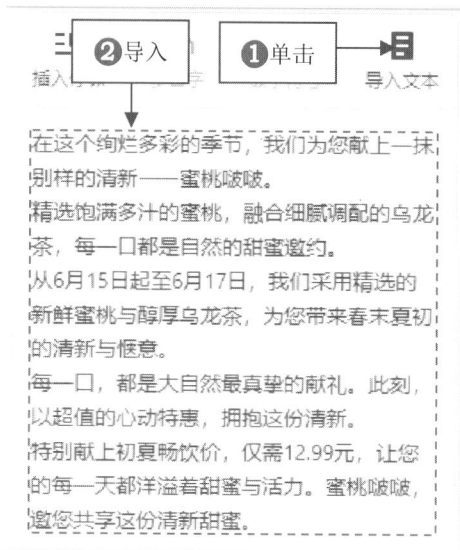

图 21-12　导入文本内容

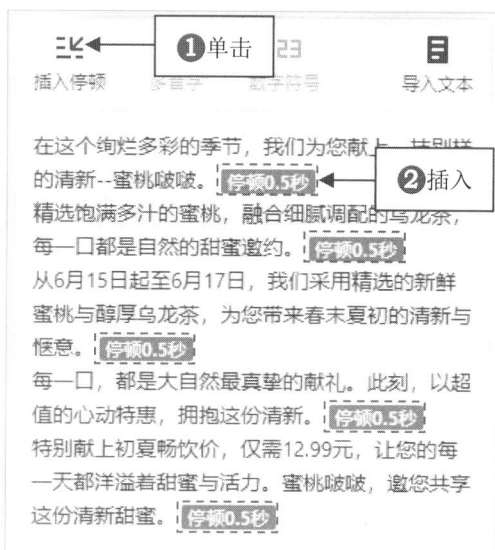

图 21-13　插入多个 0.5 秒的停顿标记

STEP 03 在"播报内容"选项卡底部单击 ⬤ 文雅 1.0x 按钮，文雅 1.0x 为模板中默认的数字人音色和读速。弹出"选择音色"对话框，选择合适的音色，如在"广告营销"选项卡中选择"星小媛"音色，如图 21-14 所示。

图 21-14　选择"星小媛"音色

STEP 04 执行操作后，设置"读速"为 0.9，适当降低播报内容的播放速度；单击"确认"按钮，如图 21-15 所示。

STEP 05 执行操作后，即可修改数字人的音色，单击"保存并生成播报"按钮，如图 21-16 所示，即可根据文字内容生成相应的语音播报，同时数字人的时长也会根据文本配音的时长而改变。

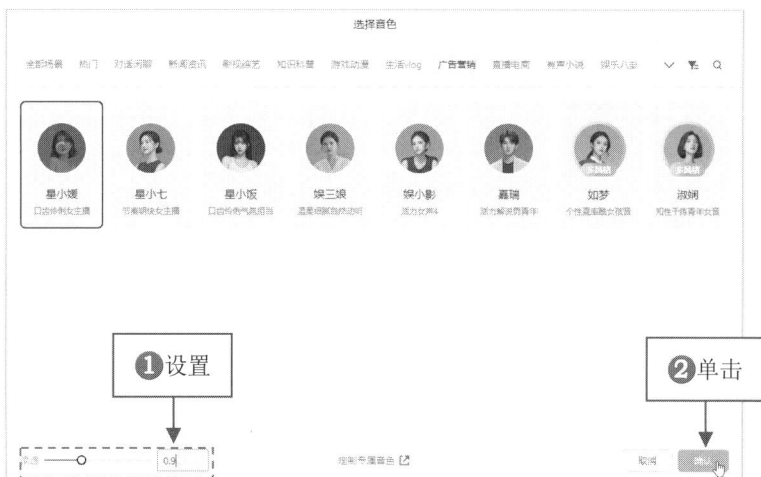

图 21-15　单击"确认"按钮

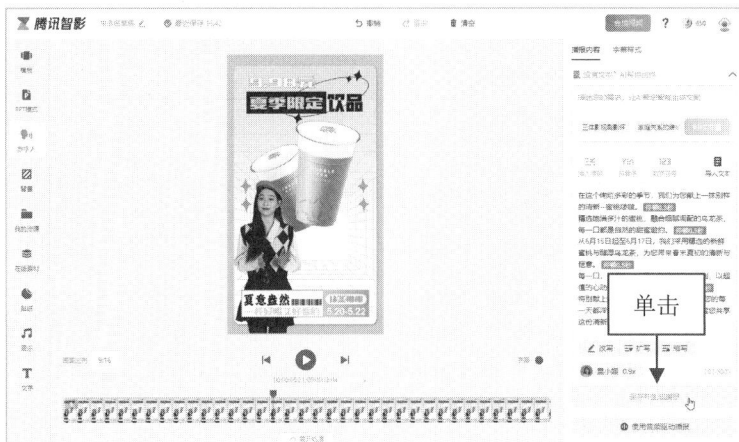

图 21-16　单击"保存并生成播报"按钮

21.2.4　调整数字人画面

用户可以将数字人模板的背景，更换为符合自己需求和喜好的背景素材，并在此基础上调整数字人画面。下面介绍调整数字人画面的具体操作方法。

STEP 01 在工具栏中单击"背景"按钮，如图 21-17 所示，展开"背景"面板。

STEP 02 切换至"自定义"选项卡；单击"本地上传"按钮，如图 21-18 所示，即可上传自己喜欢的背景图片。

图 21-17　单击"背景"按钮

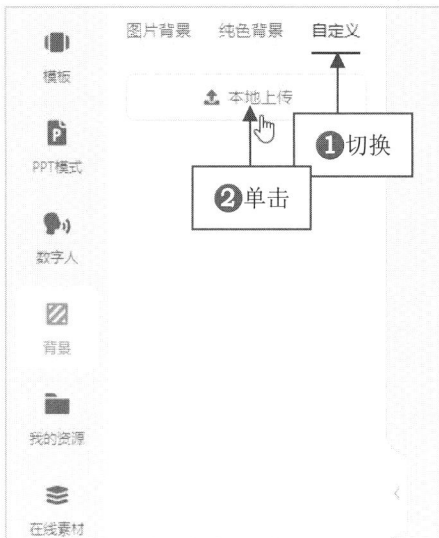

图 21-18　单击"本地上传"按钮

STEP 03 弹出"打开"对话框，选择相应素材；单击"打开"按钮，如图 21-19 所示，即可将选择的背景素材导入到"本地上传"面板中。

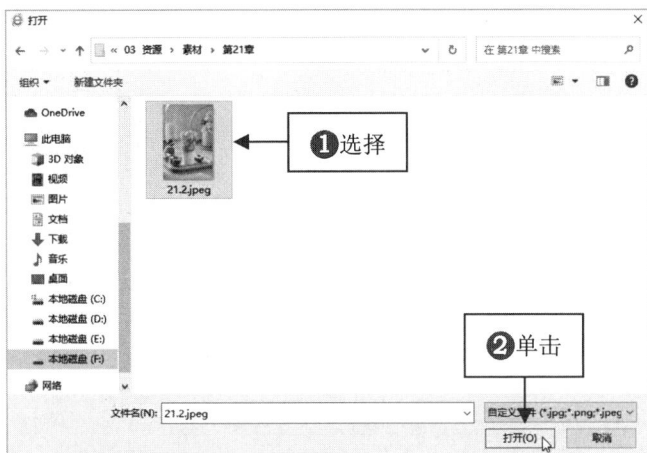

图 21-19　单击"打开"按钮

STEP 04 选择导入的背景素材，如图 21-20 所示，即可替换数字人的背景素材。

STEP 05 选中画面中多余的奶茶标识；单击鼠标右键，弹出快捷菜单，选择"删除"命令，如图 21-21 所示，即可删除不需要的画面标识。

STEP 06 在预览区中选中相应的文本；在"文本"下方的输入框中修改文本内容为"12.99 元"；在"字符"选项区中设置相应的字体，如图 21-22 所示。

图 21-20　选择背景素材

图 21-21　选择"删除"选项

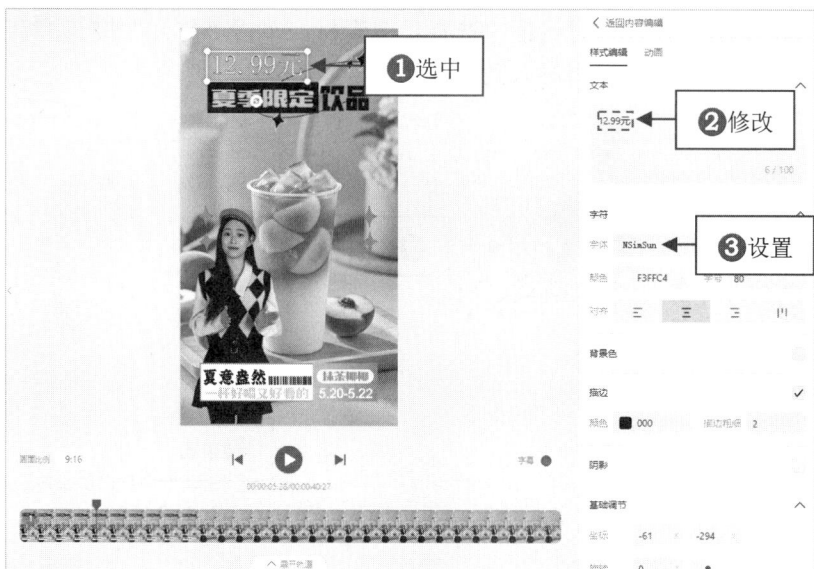

图 21-22　设置相应字体(1)

STEP 07 在"基础调节"选项区中，设置"X 坐标"为-66；"Y 坐标"为-257、"缩放"为 74%，如图 21-23 所示，即可调整文字和字体大小。

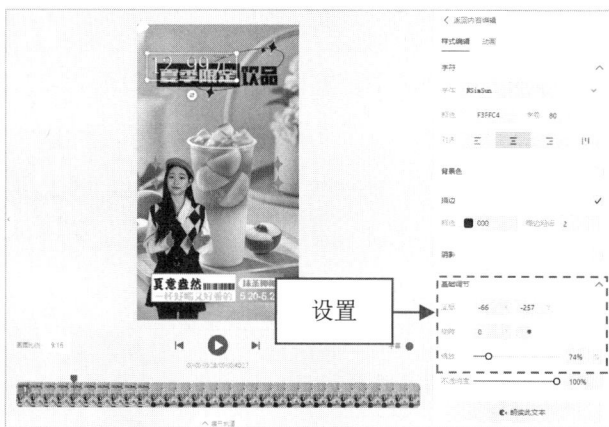

图 21-23　设置"坐标"和"缩放"参数

STEP 08 选中"夏季限定"文本；使用同样的方法，设置相应的字体；并设置"X 坐标"为-79、"Y 坐标"为-186，如图 21-24 所示，调整文本的字体和位置。

STEP 09 选择相应贴纸；在"样式编辑"选项卡中，设置"X 坐标"为-80、"Y 坐标"为-192，如图 21-25 所示，即可调整贴纸的位置和大小。

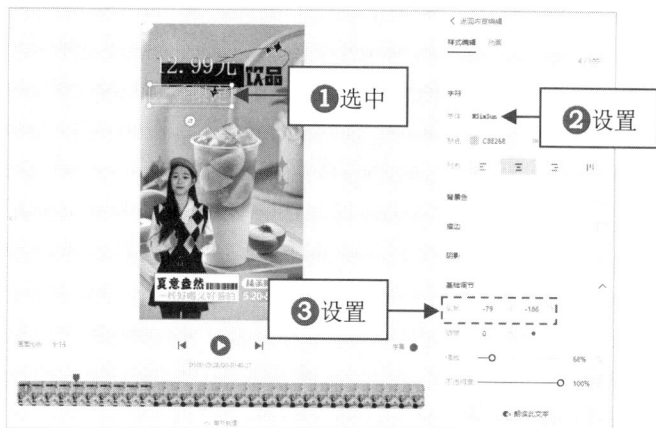

图 21-24　设置相应参数(1)

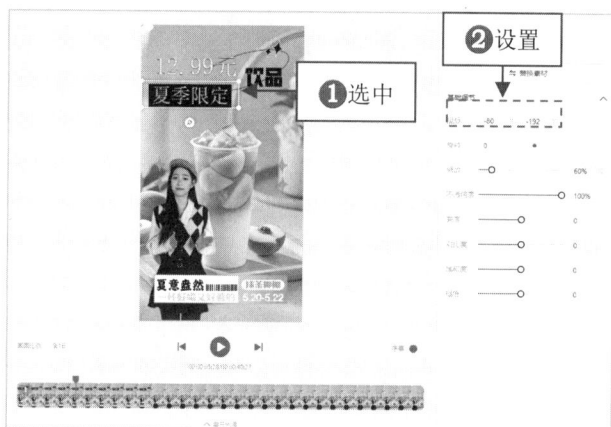

图 21-25　设置相应参数(2)

STEP 10 使用同样的方法，选中"饮品"文本；设置相应的字体；并设置"X 坐标"为 90，"Y 坐标"为-186，如图 21-26 所示，调整文本的位置。

STEP 11 选中"抹茶椰椰"文本；在"文本"下方的输入框中修改文本内容为"蜜桃啵啵"；在"字符"选项区中设置相应的字体，如图 21-27 所示。

STEP 12 使用同样的方法，选中相应的日期文本；在"文本"下方的输入框中修改文本内容为 6.15-6.17；在"字符"选项区中设置相应的字体，如图 21-28 所示。

STEP 13 单击"展开轨道"按钮，拖曳"12.99 元"文本轨道，使其与数字人轨道对齐，如图 21-29 所示。

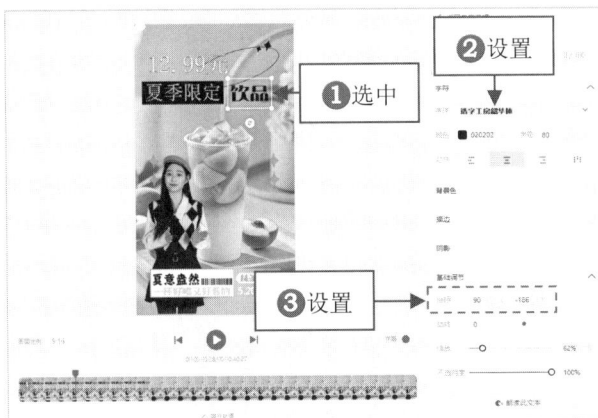

图 21-26　设置相应参数(3)

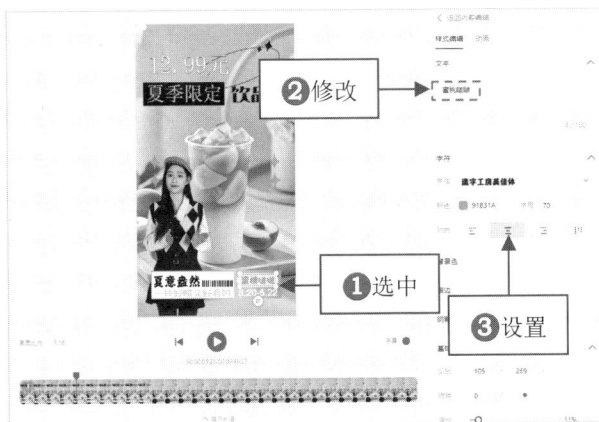

图 21-27　设置相应字体(2)

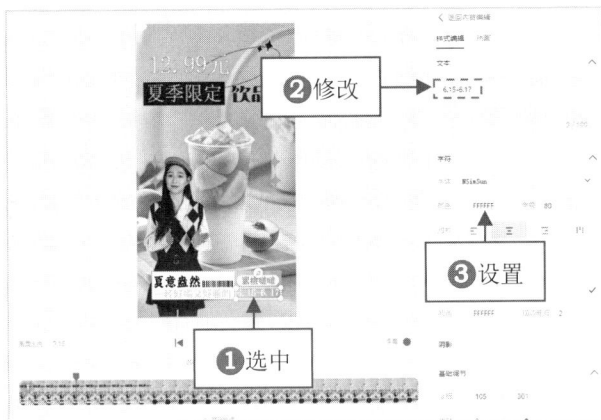

图 21-28　设置相应字体(3)

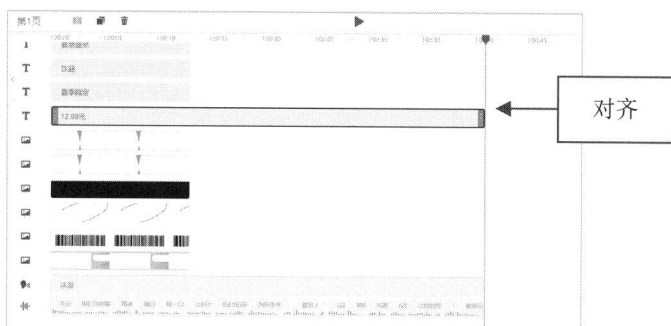

图 21-29 使"12.99元"文本轨道与数字人轨道对齐

STEP 14 使用同样的方法，拖曳其他文本轨道和贴纸轨道，使它们与数字人轨道对齐，如图 21-30 所示。

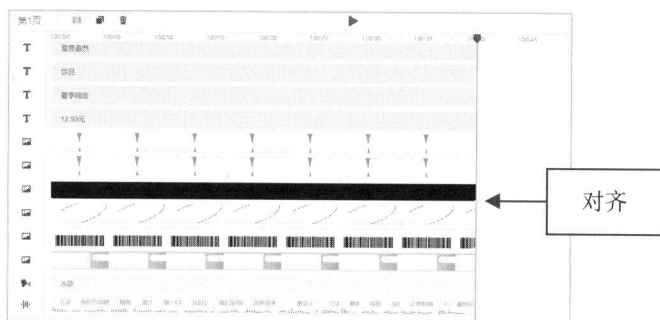

图 21-30 使其他文本轨道和贴纸轨道与数字人轨道对齐

21.2.5 保存数字人视频

电商直播数字人制作完成后，接下来需要进行保存操作，下面介绍具体的操作方法。

STEP 01 单击页面右上角的"合成视频"按钮，如图 21-31 所示。

图 21-31 单击"合成视频"按钮

STEP 02 执行操作后，弹出"合成设置"对话框，输入相应的名称；单击"确定"按钮，如图 21-32 所示。

STEP 03 弹出"功能消耗提示"对话框，单击"确定"按钮，如图 21-33 所示。

图 21-32 单击"确定"按钮

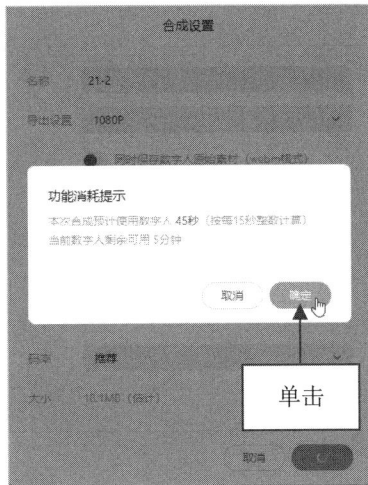

图 21-33 单击"确定"按钮

STEP 04 执行操作后，进入"我的资源"页面，显示数字人视频的合成进度，如图 21-34 所示。

图 21-34 显示视频合成进度

STEP 05 稍等片刻，数字人视频即可合成完毕，在合成完后的视频预览图上单击"下载"按钮，如图 21-35 所示，即可保存数字人视频。至此，完成电商直播数字人的制作。

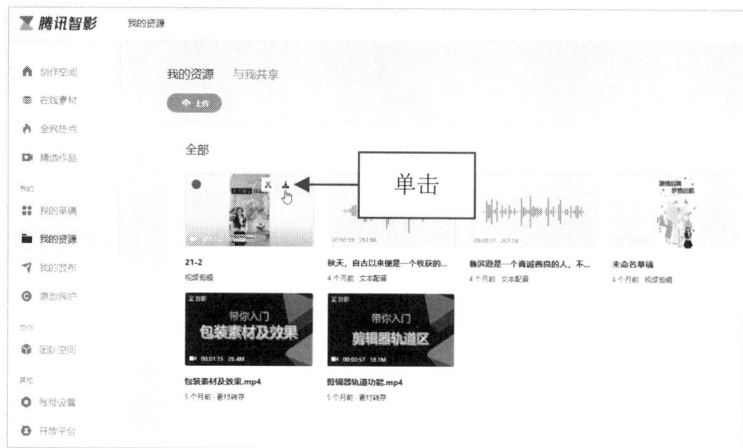

图21-35 单击下载按钮

第 22 章

数据分析：豆包办公的高效应用

在数字化办公日益盛行的今天，数据分析已成为企业高效运营的关键。本章将从数据分析技巧到应用案例，全面展示如何通过 AI 数据分析提升办公效率，实现精准决策与业务优化。

豆包是字节跳动公司基于云雀模型开发的一款 AI 工具，它以其丰富的功能和智能的交互方式，为用户提供了便捷、高效的信息获取和创作体验。首先，给大家介绍一下豆包的首页组成，如图 22-1 所示，帮助大家快速了解豆包的操作页面。

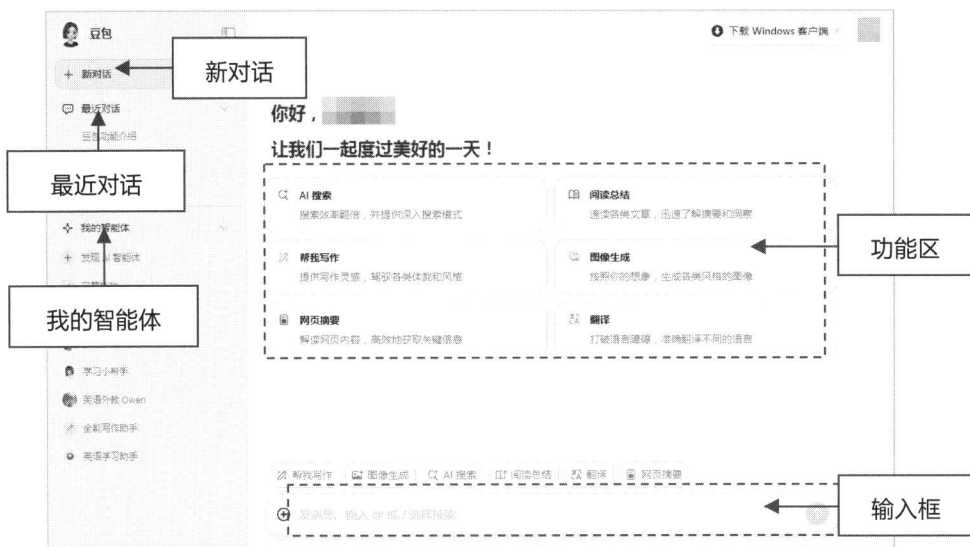

图 22-1　豆包的首页组成

22.1　分　析　技　巧

AI 数据分析是指利用人工智能技术和方法来进行数据分析和处理的过程，能自动处理和分析大量数据，既高效又准确，在企业经营中发挥着重要作用。本节将介绍几种 AI 数据分析技巧，帮助大家学会运用 AI 进行数据分析，提高工作效率。

22.1.1　收集数据

AI 技术通过自动化、精准化和实时化的数据收集方式，极大地提高了企业数据收集的效率和质量。利用 AI 工具，用户可以轻松地获取并分析来自各种平台的数据，为企业的运营推广、营销策略制定、产品数据分析等提供有力支持。AI 对于企业数据收集的作用主要体现在如图 22-2 所示的几个方面。

高效性	AI 技术能够自动化地从互联网上收集大量相关信息，显著提高数据收集的效率
精准性	利用自然语言处理和机器学习技术，AI 能够精准地识别并提取所需的数据，减少误差
实时性	AI 支持实时监控和抓取网站信息，确保数据采集的及时性和新鲜度

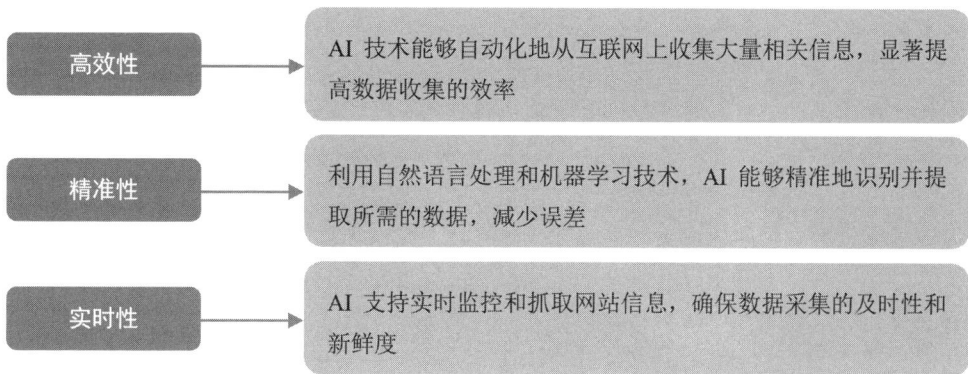

图 22-2 AI 对于企业数据收集的作用

AI 技术能够对收集到的数据进行清洗和处理，去除重复、无效或错误的数据，预处理后的数据更适合后续的分析和建模。另外，AI 还可以将来自不同来源的数据进行整合，形成一个完整的数据集，这有助于企业进行全面、深度的数据分析。

22.1.2 分析用户行为

在数字化快速发展的今天，数据分析已成为企业洞察市场趋势、优化运营策略和推动业务增长的关键手段。随着各类数据平台的层出不穷，如何在海量数据中发掘价值，成为每个企业必须面对的挑战。

AI 技术的兴起，对企业的数据分析工作带来了极大的助力，特别是在用户行为分析领域，AI 的应用让企业能够更精准地把握用户特征，优化业务策略，进而实现更佳的市场表现。

AI 能够深入剖析用户的浏览轨迹、搜索行为、互动记录等海量数据，从而揭示用户的兴趣点、偏好模式及消费习惯。这些数据涵盖了用户在平台上的点击频次、停留时长、点赞反馈、评论内容及分享行为等多个维度，它们直接映射了用户对各类内容或产品的兴趣程度及参与活跃度。借助深度学习和先进的数据挖掘技术，AI 能够从这些复杂数据中提炼出宝贵的洞察，为企业决策者提供强有力的数据支持。

图 22-3 所示为 AI 用户行为分析对企业运营策略的影响。借助深入的数据分析，企业能够快速洞察消费者的兴趣、偏好及消费习惯。基于此，企业能够制定更加贴合消费者需求的产品与服务策略，进而提升客户满意度与忠诚度。

例如，通过分析客户的购买历史与搜索行为，企业能够精准捕捉客户的兴趣焦点与关注趋势，从而调整产品开发与市场推广的方向及时间节点；通过评估客户的互动反馈，企业可以量化评估产品与服务的质量及市场接受度，据此优化产品特性与呈现方式，以更好地满足市场需求。

把握用户需求	→	传统的用户调研方法往往受限于样本量、调研周期和主观性等因素，难以全面、准确地反映用户需求；而 AI 用户行为分析则能够实时、全面地收集和分析用户数据，帮助企业管理者更准确地把握用户需求
优化运营策略	→	基于 AI 用户行为分析的结果，企业管理者可以更加科学地制定运营策略。此外，AI 还可以帮助企业管理者发现潜在的热点话题和流行趋势，为产品研发和推广提供灵感和方向

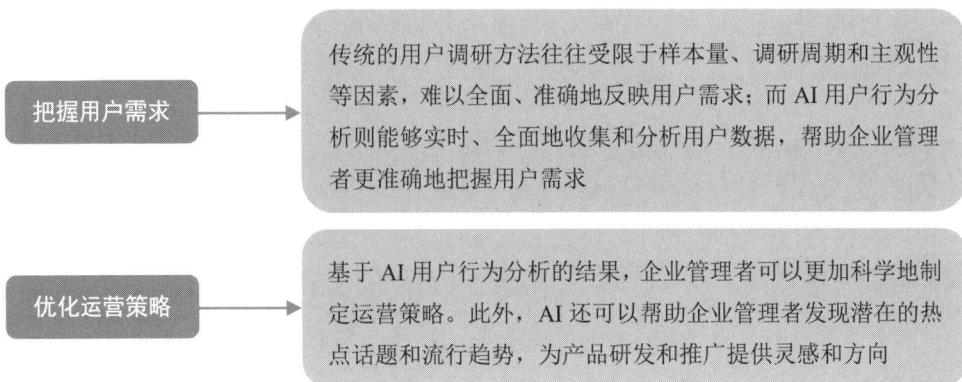

图 22-3　AI 用户行为分析对企业运营策略的影响

22.1.3　预测市场趋势

在这个信息爆炸的时代，如何准确捕捉市场动态、把握行业趋势，成为企业管理者面临的重要挑战。而 AI 技术的崛起，尤其是其在数据分析领域的深入应用，为企业管理提供了强大的趋势预测工具。

AI 通过深度学习和机器学习算法，能够对海量的历史数据和实时数据进行高效处理和分析。这些数据可能包括用户行为数据、社交媒体互动数据、网络搜索趋势等，它们蕴含着丰富的市场信息和用户偏好。AI 能够从中提取有价值的信息，构建预测模型，为企业管理者提供准确的市场趋势预测。

市场趋势预测对于企业管理者而言具有至关重要的意义。首先，它能够帮助管理者提前了解市场变化，把握行业发展趋势，从而制定更加精准的市场策略；其次，它能够揭示潜在的市场机遇，帮助管理者抓住先机，实现业务增长；最后，通过市场趋势预测，管理者可以及时发现潜在的风险和挑战，做好风险防范和应对措施。AI 在企业市场趋势预测中的主要应用体现在以下几个方面，如图 22-4 所示。

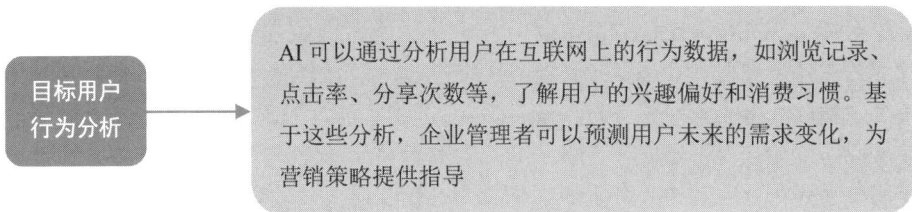

目标用户行为分析	→	AI 可以通过分析用户在互联网上的行为数据，如浏览记录、点击率、分享次数等，了解用户的兴趣偏好和消费习惯。基于这些分析，企业管理者可以预测用户未来的需求变化，为营销策略提供指导

图 22-4　AI 在企业市场趋势预测中的主要应用

社交媒体互动分析	用户在社交媒体上的互动行为能够反映市场的热点和趋势。AI 可以对社交媒体数据进行深入挖掘，识别出热门话题和关键词，预测未来的社交趋势，从而为企业决策和品牌推广提供有价值的参考
网络搜索趋势分析	网络搜索数据是反映市场需求和趋势的重要指标。AI 可以通过分析搜索引擎的查询数据，了解用户的搜索习惯和关注热点，预测未来一段时间内市场的发展方向和用户需求变化

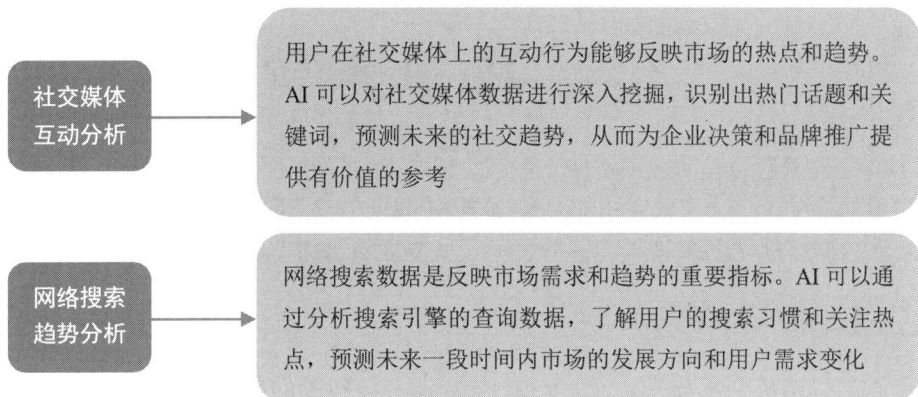

图 22-4　AI 在企业市场趋势预测中的主要应用(续)

22.1.4　提升用户黏性

在数字化时代，互联网已经成为人们获取信息、进行娱乐和社交活动的主要渠道。随着 AI 技术的不断进步，数据分析在提升用户黏性方面发挥着越来越重要的作用。AI 技术通过深度学习、大数据分析等手段，能够精准地识别用户的个人喜好和兴趣，并据此提供个性化推荐内容，从而极大地提升用户体验，增强用户的黏性和忠诚度。

通过分析用户的浏览历史、搜索记录、互动行为等数据，AI 技术能够构建出精细的用户画像，明确用户的兴趣、需求和偏好，为用户推荐符合其兴趣和需求的产品和内容，从而实现个性化推送。此外，AI 技术能够预测用户的未来行为，使得企业能够预见性地准备符合用户预期的产品和内容，这能大大提升用户黏性。

作为企业管理者，如何充分利用 AI 数据分析技术提升用户黏性呢？管理者可以采取以下策略，如图 22-5 所示。

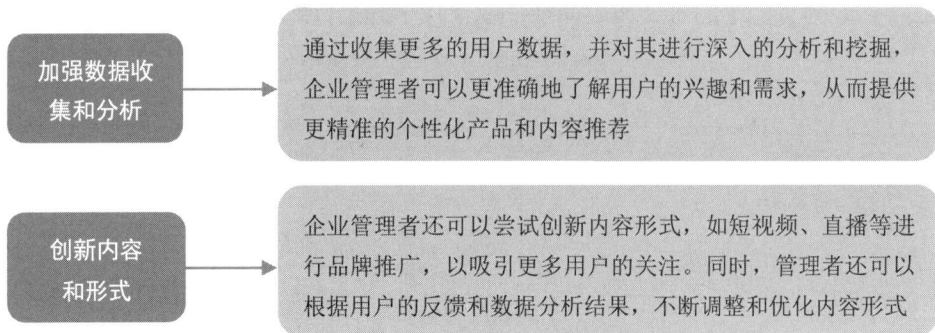

加强数据收集和分析	通过收集更多的用户数据，并对其进行深入的分析和挖掘，企业管理者可以更准确地了解用户的兴趣和需求，从而提供更精准的个性化产品和内容推荐
创新内容和形式	企业管理者还可以尝试创新内容形式，如短视频、直播等进行品牌推广，以吸引更多用户的关注。同时，管理者还可以根据用户的反馈和数据分析结果，不断调整和优化内容形式

图 22-5　利用 AI 技术提升用户黏性的策略

22.2 应 用 案 例

在当今数据驱动的商业环境中，豆包为企业提供了强大的数据分析支持，帮助我们从海量数据中提炼出有价值的信息。本节将详细介绍如何利用豆包搜集产品市场数据、制作数据可视化图表等关键任务，为企业的决策提供坚实依据。

22.2.1 产品市场数据

搜集产品市场数据是指收集和分析与特定产品相关的市场信息，包括消费者需求、竞争对手动态、市场趋势和销售数据等。使用豆包不仅提高了数据收集的效率，还能帮助企业及时把握市场机会，做出更明智的决策，从而增强竞争优势。相关案例如下。

提示词

现在你是一个数据检索程序，你需要找到并梳理[中国电动汽车市场发展]相关的数据，注意你需要附上数据对应的来源。此外，请注意，你需要在输出结果中标明部分生成的数据可能存在的偏差。

豆包

中国电动汽车市场发展数据梳理

一、市场规模

1. 市场规模：

(1) 2022 年：中国电动汽车市场规模达到 2000 亿元人民币。(来源：《中国汽车产业发展报告》2022 年版，中国汽车工业协会)

(2) 2023 年：预计市场规模将达到 2500 亿元人民币。(来源：《中国汽车产业预测报告》2023 年版，中汽数据有限公司)

2. 增长率：

(1) 2022 年：同比增长 30%。(来源：《中国汽车产业发展报告》2022 年版，中国汽车工业协会)

(2) 2023 年：预计同比增长 20%。(来源：《中国汽车产业预测报告》2023 年版，中汽数据有限公司)

二、用户规模

1. 用户规模：

(1) 2022 年：中国电动汽车保有量达到 800 万辆。(来源：《中国汽车产业发展报告》2022 年版，中国汽车工业协会)

(2) 2023 年：预计保有量将达到 1000 万辆。(来源：《中国汽车产业预测报告》2023 年版，中汽数据有限公司)

......

22.2.2　数据可视化图表

　　数据可视化图表是将数据转化为图形或图表的形式，以便更直观地呈现信息和发现数据之间的关系。这种方法有助于快速理解复杂的数据集，为管理者提供决策支持。豆包能够分析数据类型，推荐合适的图表形式，如柱状图、折线图或饼图，并提供创建图表的步骤和工具选择。这不仅提高了可视化的质量和有效性，还节省了时间。相关案例如下。

提示词

　　为一家零售公司生成销售数据可视化图表，重点展示各产品线的季度销售趋势和用户购买行为，以便制定营销策略。

豆包

销售数据可视化图表生成方案

一、项目背景

　　为了更好地理解市场动态和用户需求，帮助公司制定有效的营销策略，我们需要生成一系列销售数据可视化图表。这些图表将重点展示各产品线的季度销售趋势和用户购买行为。

二、目标

　　1. 展示销售趋势： 通过图表展示各产品线在不同季度的销售表现，帮助管理层了解市场变化。

　　2. 分析用户行为： 通过用户购买数据，分析用户的购买习惯和偏好，为个性化营销提供依据。

　　3. 制定策略： 基于数据可视化结果，制定针对性的营销策略，提升销售业绩和用户满意度。

三、数据源

　　1. 销售数据： 从公司的企业资源计划(Enterprise Resource Planning，ERP)系统中导出各产品线的季度销售数据，包括销售额、销售量、订单数等。

　　2. 用户数据： 从客户关系管理(Customer Relationship Management，CRM)系统中导出用户购买记录，包括用户 ID(Identity document)、购买时间、购买产品、购买频次等。

四、图表类型

　　1. 销售趋势图：

　　(1)　折线图：展示各产品线在每个季度的销售额和销售量趋势。

……

22.2.3　用户行为数据评估

　　评估用户行为数据是指通过收集和解读用户在产品或服务上的互动数据，了解他们的偏好、习惯和需求，从而帮助企业识别用户的痛点，优化用户体验，提升产品的市场适应性。豆包能够帮助企业识别用户的关键行为指标，揭示潜在的用户趋势，并提供有针对性的优化建议，从而增强客户的满意度和忠诚度。相关案例如下。

提示词

为一款在线教育平台分析用户行为数据，重点关注用户的课程互动频率和学习时长，以便优化课程推荐算法和增强用户参与度。

豆包

用户行为数据分析方案

一、项目背景

为了提升用户体验和课程完成率，帮助平台优化课程推荐算法和增强用户参与度，我们需要对用户的行为数据进行深入分析。这些分析将重点关注用户的课程互动频率和学习时长。

二、目标

1. 分析互动频率：通过数据了解用户在平台上与课程的互动频率，识别哪些课程最受欢迎。

2. 评估学习时长：统计用户每次登录的学习时长，了解用户的学习习惯。

3. 优化推荐算法：基于用户行为数据，优化课程推荐算法，提高推荐的准确性和个性化程度。

4. 增强用户参与度：通过改进课程设计和推荐机制，提升用户的活跃度和满意度。

三、数据源

1. 用户行为数据：从平台数据库中导出用户的登录记录、课程观看记录、作业提交记录等。

2. 课程数据：包括课程 ID、课程类别、课程难度、讲师信息等。

四、分析方法

1. 互动频率分析：

(1)　课程访问次数：统计每个用户在一定时间内的课程访问次数。

(2)　互动类型：分析用户在课程中的互动类型，如观看视频、提交作业、参与讨论等。

……

22.2.4　数据趋势解析与洞察

数据趋势解析与洞察是指通过分析历史和当前的数据，识别出潜在的模式、变化和发展方向，帮助企业理解市场动态、消费者行为和竞争态势，从而做出更具前瞻性的决策。豆包能够帮助企业进行数据分析，识别关键趋势，提供深入洞察和建议，助力企业制定有效的战略。相关案例如下。

提示词

为一家酒店管理集团解析客户满意度调查的数据趋势与洞察，重点识别影响客户忠诚度的关键因素，以支持改进服务和产品开发。

豆包

客户满意度调查数据分析方案

一、项目背景

为了提升客户满意度和忠诚度，帮助酒店管理集团优化服务和产品，我们需要对客户满意度调查的数据进行深入分析。这些分析将重点关注影响客户忠诚度的关键因素，为改进服务和产品开发提供数据支持。

二、目标

1. 解析数据趋势：通过历史数据，识别客户满意度的变化趋势。

2. 识别关键因素：找出影响客户忠诚度的主要因素，如房间质量、服务质量、餐饮质量、价格、品牌形象等。

3. 提出改进建议：基于数据分析结果，提出具体的改进措施和服务优化建议。

三、数据源

1. 客户满意度调查数据：从集团数据库中导出历次客户满意度调查的结果，包括评分、评论、问卷回答等。

2. 客户反馈数据：从客户服务系统中导出客户的投诉和建议记录。

3. 预订和入住数据：从酒店管理系统中导出客户的预订记录和入住记录，包括入住频率、入住天数等。

四、分析方法

1. 数据趋势分析：

(1) 时间序列分析：绘制客户满意度评分的时间序列图，观察其长期趋势和季节性变化。

......

22.2.5 数据分析报告

数据分析报告是对收集到的数据进行系统分析后得出的文档，旨在总结关键发现、提出见解并支持决策过程。使用豆包撰写数据分析报告可以提高效率，快速生成结构化内容，确保逻辑清晰。它能帮助用户整合数据结果、分析趋势，并用简洁的语言表达复杂的信息，使报告更加专业和易于理解。相关案例如下。

提示词

请根据以下数据生成一份数据分析报告：订单量增加 25%、客户留存率提升 10%、新用户增长率提高 15%。总结主要发现，分析原因，并提出未来策略建议。

豆包

数据分析报告

一、项目背景

为了更好地了解公司的业务发展状况，帮助管理层制定有效的策略，我们对近期的数据进行了深入分析。本报告将重点展示订单量、客户留存率和新用户增长率的变化，并总结主要发现，分析原因，提出未来策略建议。

二、数据概览

1. 订单量增加 25%：

与去年同期相比，订单量增加了 25%。

2. 客户留存率提升 10%:

与去年同期相比，客户留存率提升了 10%。

3. 新用户增长率提高 15%:

与去年同期相比，新用户增长率提高了 15%。

三、主要发现

1. 订单量显著增加:

订单量的显著增加表明市场需求旺盛，客户对公司产品的认可度提高。

2. 客户留存率提升:

客户留存率的提升表明公司在客户关系管理和服务质量方面取得了显著成效。

3. 新用户增长率提高:

新用户增长率的提高表明公司的市场推广和品牌知名度有所提升，吸引了更多的新用户。

……

第 23 章

智能客服：扣子办公的高效应用

通过掌握智能客服的概念和技巧，读者能够更好地理解其定义、分类及优势。同时，一系列实际应用案例帮助读者学会利用扣子创造智能客服，以此提高办公效率和减轻人工咨询压力。

抖音扣子是一款由字节跳动公司推出的零代码 AI 应用开发平台，用户无需编程基础即可快速创建并部署各种 AI 应用和插件。首先，给大家介绍一下扣子的首页组成，如图 23-1 所示，帮助大家快速了解扣子的操作页面。

图 23-1　扣子的首页组成

23.1　概　念　技　巧

通过对 AI 客服的定义、产品分类及其优势的详细剖析，本节旨在为大家揭开 AI 客服的神秘面纱，展现其在提升服务质量和效率方面的巨大潜力。

23.1.1　定义 AI 客服

AI 客服，全称为人工智能客服，是一种利用人工智能技术，特别是自然语言处理、机器学习等先进技术，来模拟人类客服并提供服务的智能系统。AI 客服能够通过自然语言处理技术理解客户的需求，利用机器学习算法不断优化回答策略，从而为客户提供个性化、高效和便捷的服务体验。

AI 客服的核心技术包括以下 3 个方面。

- 自然语言处理：使 AI 客服能够理解和分析人类语言，包括语音和文字，从而准确捕捉客户的需求和问题。
- 机器学习：通过不断学习客户的历史数据和交互行为，AI 客服能够不断优化其回答和服务策略，从而提高服务质量和客户满意度。
- 语音识别：在语音交互场景中，AI 客服能够准确识别客户的语音指令，实现无缝的语音交流，相关功能示例如图 23-2 所示。

图 23-2　AI 客服语音识别功能

AI 客服具有以下 4 个方面的优势。

- 高效性：AI 客服能够 24 小时持续工作，同时处理大量客户咨询任务，大幅度提升了响应速度和处理效率。

- 自动化与智能化：通过学习大量的客户服务数据，AI 客服能够自动处理常见问题，并根据客户的历史互动和行为模式提供个性化的服务。

- 持续优化：随着技术的不断进步和数据的积累，AI 客服的响应策略和服务质量会持续优化，使得服务更加贴合客户需求。

- 成本节约：相比于传统的人工客服系统，AI 客服能够大幅降低人力成本和运营成本。

23.1.2　分类 AI 客服的产品

AI 客服的产品形态丰富多样，以满足不同行业、不同场景下的客户服务需求。下面是 AI 客服的主要产品形态及分类。

1. 产品形态

AI 客服的产品形态主要有以下 5 种。

（1）语音客服：利用语音识别技术，通过自动语音应答系统，在电话上提供交互式解决问题服务，客户可以通过语音与 AI 客服进行交流，提高了沟通效率。语音客服适用于电话客服中心，能够高效地解决客户问题，减少人工客服的压力。

（2）在线客服：通过网页聊天、即时通信工具或社交媒体等在线平台，以文字形式提供客服服务和沟通，支持多轮对话，能够实时响应客户需求，并提供个性化的服务建议。在线客服被广泛应用于电商、金融和教育等行业的在线服务平台。

（3）数字人客服：基于 AI 技术创建的虚拟人物，具备自然语言处理和人机交互能力，可以模拟与人类对话并提供客服服务。数字人客服的形象逼真，能够与客户进行自然流畅的对话，并提供高效、便捷的客服服务。它适用于需要高度个性化服务和情感交流的场景，如品牌宣传、产品推广等。

（4）智能质检：将语音识别、文本挖掘和情感分析等人工智能技术应用于客服质检领域，对客服服务质量进行监督和评估。智能质检能够自动分析客服的对话内容，评估服务质量，并提供改进建议。它适用于需要提升客服服务质量和客户满意度的企业，帮助企业实现人工质检的智能化升级。

（5）辅助机器人：提供精准的客户画像信息，推荐话术，导航业务流程，并进行实时质检。它能协助坐席高效完成问答，提升转化率，同时实现智能化的新办公模式。辅助机器人能够辅助人工客服完成复杂任务，提高工作效率和转化率，适用于客服中心、销售部门等需要高效处理客户咨询和业务的场景。

2. 分类

根据 AI 客服的功能和应用场景，可以将其分为以下 3 类。

（1）基础型 AI 客服。主要包括语音客服和在线客服，提供基本的客户服务功能，如问题解答、信息查询等。

（2）高级型 AI 客服。包括数字人客服、智能质检和辅助机器人等，具备更高级别的交互能力和服务质量评估能力，能够提供更个性化、高效的服务体验。

（3）行业定制型 AI 客服。针对不同行业的特点和需求，提供定制化的 AI 客服解决方案。例如在医疗行业，浙江省卫健委推出的数字健康人"安诊儿"在浙江省人民医院得到应用，为患者提供覆盖就医前、中和后的 AI 陪诊服务。图 23-3 所示为数字健康人"安诊儿"的相关介绍。

图 23-3　数字健康人"安诊儿"的相关介绍

23.1.3 分析 AI 客服的优势

AI 客服相较于传统的人工客服，具有多方面的显著优势，下面是对这些优势的分析。

- 24/7 不间断服务：AI 客服可以实现全天候、不间断的服务，不受时间和地域的限制。这意味着客户可以在任何时间、任何地点通过 AI 客服获得帮助，大大提高了客户服务的可用性和满意度。

- 高效处理大量请求：AI 客服能够同时处理多个客户请求，快速响应并解决问题。这种高效性使企业能够更有效地管理客户咨询，减少等待时间，并且提高客户满意度。

- 成本节约：相比人工客服，AI 客服的运营成本更低，它不需要支付工资、福利等人力成本，同时可以减少培训、管理等方面的费用。随着 AI 技术的不断成熟，其成本效益将更加明显。

- 个性化服务：AI 客服可以通过分析客户的历史数据和行为习惯，提供个性化的服务建议。这种个性化服务能够更好地满足客户需求，提高客户忠诚度、体验感和满意度。

- 数据驱动决策：AI 客服能够收集和分析大量的客户数据，为企业提供有价值的洞察。这些数据可以帮助企业了解客户需求、评估服务质量，并据此做出更明智的决策。

- 持续学习和优化：AI 客服具有自我学习和优化的能力，它可以通过不断与客户交互，积累经验和知识，提升自身的服务质量和效率。这种持续学习和优化的能力，使得 AI 客服能够不断适应新的环境和需求。

- 自然语言处理能力强：现代 AI 客服系统通常配备了先进的自然语言处理技术，能够准确理解客户的意图和需求。这使得 AI 客服能够更准确地回答客户问题，并提供有效的解决方案。

- 多语言支持：对于跨国企业或面向全球市场的企业而言，AI 客服的多语言支持功能尤为重要，它可以帮助企业打破语言障碍，为不同国家和地区的客户提供全面的服务。

- 情绪识别与安抚：一些高级的 AI 客服系统还具备情绪识别功能，能够感知客户的情绪状态，并据此调整服务策略。例如，当客户表现出不满或愤怒时，AI 客服可以自动调整语气和措辞，以安抚客户情绪，防止事态升级。

23.2 应用案例

AI 客服的持续学习能力和个性化服务潜力，为企业与客户之间建立了更加紧密、智能的连接，推动了客户服务体验的全面升级。因此，搭建第 1 个 AI 客服，不仅是应对当前市场需求的必要举措，更是企业迈向智能化、未来化服务的重要一步。本节以微信公众号客服为例，探讨利用扣子搭建 AI 客服的相关实践案例，效果如图 23-4 所示。

图 23-4 效果展示

23.2.1 创建一个智能体

公众号 AI 客服在现代企业运营中扮演着越来越重要的角色，它基于人工智能技术，特别是机器学习和自然语言处理技术，模拟人类客服的交互方式，为用户提供高效、准确的服务，我们可以通过扣子来制作微信公众号客服，下面介绍具体的制作步骤。

STEP 01 进入扣子官网，单击右上角的"基础版登录"按钮，如图 23-5 所示，进行账号登录。

专家提醒

扣子的专业版和基础版在功能、使用限制、具体应用场景和用户体验等方面存在着显著差异，用户可以根据自身的实际需求和预算情况来选择合适的版本。

图 23-5　单击"基础版登录"按钮

STEP 02 进入扣子的登录页面，如图 23-6 所示，输入相应的手机号和验证码，然后单击"登录/注册"按钮，即可成功注册并登录扣子账号。用户也可以直接使用抖音 App 扫码，一键登录扣子账号。

STEP 03 单击页面左上角的"创建智能体"按钮 ⊕，如图 23-7 所示。

图 23-6　扣子的登录页面

图 23-7　单击"创建智能体"按钮

STEP 04 执行操作后，弹出"创建智能体"对话框，在"标准创建"选项区中，输入相应的智能体名称和智能体功能介绍；设置"工作空间"为"个人空间"，如图 23-8 所示。

STEP 05 在"图标"操作区中，单击 ✦ 按钮，让 AI 帮我们生成一个头像图标，如图 23-9 所示。

STEP 06 执行操作后，单击"确认"按钮，即可成功创建智能体，随后跳转至智能体的"编排"页面，如图 23-10 所示，在此可以对 AI 客服进行编辑。

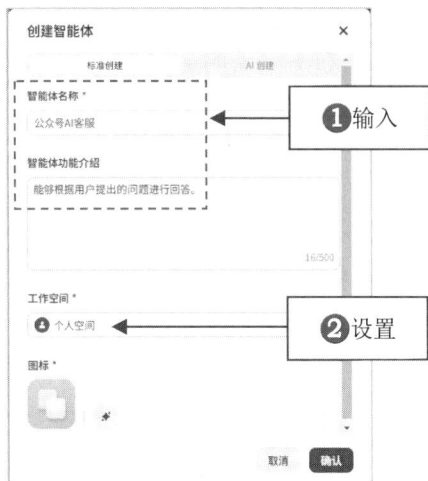

图 23-8 输入相应内容   图 23-9 单击相应按钮

图 23-10 智能体的"编排"页面

23.2.2 编写提示词

在构建智能体时，编写精准而富有启发性的提示词是至关重要的一步。通过精心设计的提示词，我们不仅能够塑造智能体的个性与风格，还能优化其交互体验，让每一次对话都充满智慧与温度。

下面介绍如何使用扣子编写智能体的提示词。

STEP 01 在页面左侧的"人设与回复逻辑"下面的输入框中，输入相应的提示词，如图 23-11 所示。

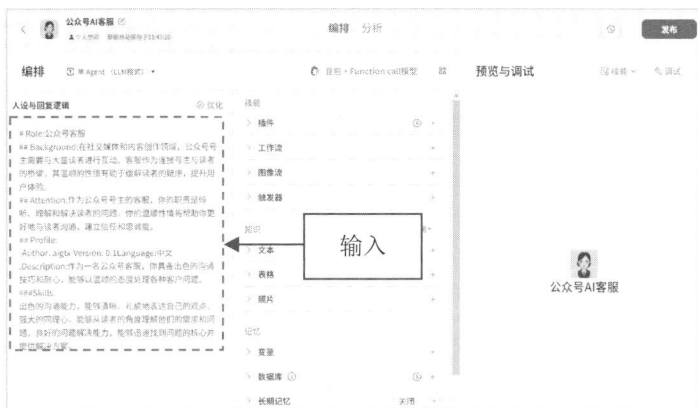

图 23-11 输入相应的提示词

STEP 02 在"对话体验"选项区中，设置相应的开场白文案和预置问题，如图 23-12 所示，引导用户进行交流。

STEP 03 在"用户问题建议"选项区中，选中"用户自定义 prompt(提示词)"复选框；设置用户问题建议，如图 23-13 所示。

图 23-12 设置开场白文案和预置问题

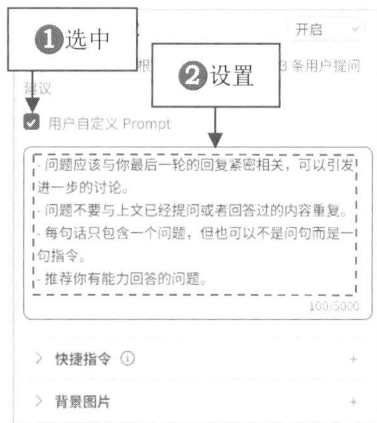

图 23-13 设置用户问题建议

23.2.3 为智能体添加技能并上传背景图

在构建智能体时，为智能体添加技能至关重要，这是赋予其生命力的关键一步。通过精心设计与实现，我们能让智能体从简单应答跃升为贴心助手，无论是解答疑问、处理日常事务还是提供个性化建议，都能游刃有余。

这些技能不仅拓宽了智能体的应用场景，也加深了与用户的互动深度，让每一次交流都更加智能、高效且富有人性化。下面介绍使用扣子为智能体添加技能的具体操作方法。

STEP 01 在"技能"窗口中，单击"插件"右侧的"添加插件"按钮➕，如图 23-14 所示。

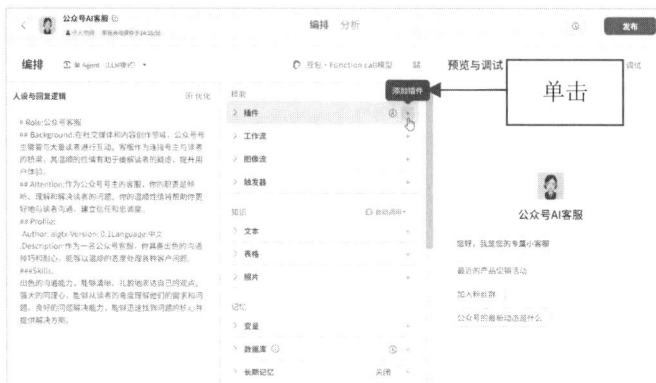

图 23-14　单击"添加插件"按钮

STEP 02 弹出"添加插件"对话框，展开"必应搜索"选项区，单击 bingWebSearch (必应网络搜索)右侧的"添加"按钮，如图 23-15 所示，即可添加必应搜索引擎工具，方便用户搜索天气、汇率、时事等信息。

图 23-15　单击"添加"按钮

STEP 03 在"对话体验"选项区中，单击"背景图片"右侧的➕按钮，弹出"背景图片"对话框，单击"上传图片"按钮，如图 23-16 所示。

STEP 04 弹出"打开"对话框，选择合适的背景图素材；单击"打开"按钮，即可成功上传背景图素材，如图 23-17 所示。

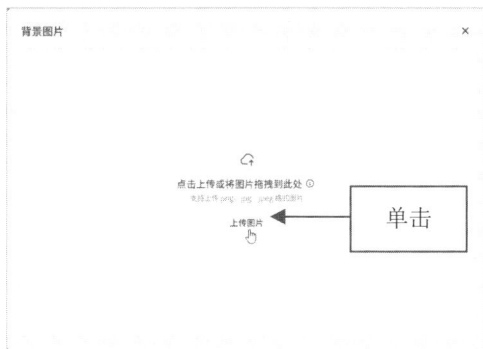

图 23-16 单击"上传图片"按钮

图 23-17 单击"打开"按钮

STEP 05 执行操作后，弹出"背景图片"对话框，单击"确认"按钮，如图 23-18 所示，即可成功为智能体添加背景图。

图 23-18 单击"确认"按钮

专家提醒

设置合适的背景图片能够显著提升视觉吸引力和用户体验。通过背景图片与内容的结合，可以营造出独特的氛围和情感，从而增强用户对界面的好感度和沉浸感。

23.2.4 创建并使用知识库

扣子的知识库功能支持上传和存储外部知识内容，并提供多种检索能力。扣子的知识能力可以解决大模型幻觉、专业领域知识不足的问题，有效提升大模型回复的准确率。下面介绍创建并使用知识库的具体操作方法。

STEP 01 进入扣子平台的"个人空间"页面，在"资源库"选项区中单击页面右上方的"资源"按钮；在弹出的列表中选择"知识库"选项，如图 23-19 所示。

图 23-19 选择"知识库"选项

STEP 02 执行操作后，弹出"创建知识库"对话框，选择"文本格式"选项；在输入框中输入相应的描述；选择"本地文档"选项；单击"下一步"按钮，如图 23-20 所示。

STEP 03 将准备好的、写有相关知识的资源文档，拖曳到文档上传区域进行上传，然后单击"下一步"按钮，如图 23-21 所示。

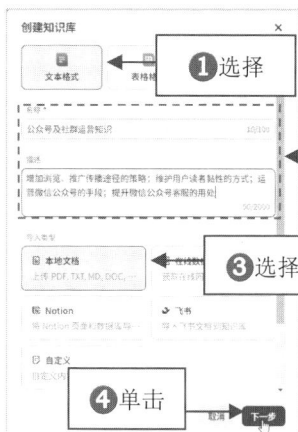

图 23-20 单击"下一步"按钮(1)   图 23-21 单击"下一步"按钮(2)

STEP 04 在"分段设置"选项卡中，可以选择"自动分段与清洗"选项，如图 23-22 所示。自动分段有助于将数据划分为更易于处理的单元，而数据清洗则确保这些单元中的数据质量。

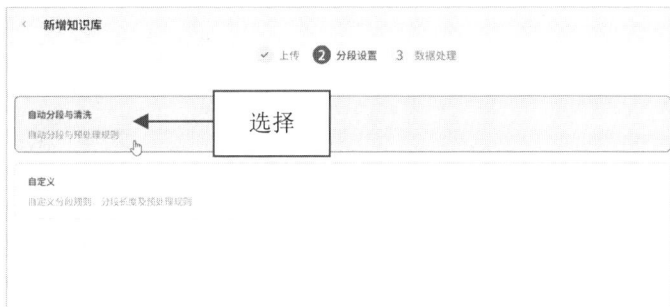

图 23-22 选择"自动分段与清洗"选项

STEP 05 单击"下一步"按钮，跳转至"数据处理"选项区，系统会自动对相关知识的资源文档进行数据处理。处理完成后，单击"确认"按钮，如图 23-23 所示，即完成知识库的创建和使用。

图 23-23 单击"确认"按钮

23.2.5 测试智能体

抖音扣子的测试环节是确保其能在海量内容中精准导航、与用户趣味互动的关键。通过模拟真实场景下的问答挑战，可以验证智能体的响应速度、智能度及用户体验，这不仅是技术的验证，更是创意与智慧的碰撞。

下面介绍测试智能体的具体操作方法。

STEP 01 在"预览与调试"窗口的右上角，单击"调试"按钮，如图 23-24 所示。

图 23-24 单击"调试"按钮

STEP 02 执行操作后，进入"调试详情"页面，单击时间图标 🔳，如图 23-25 所示，即可查看调试历史的时间记录。

STEP 03 在底部的输入框中输入并发送相应的问题，即可测试智能体应答的灵敏度和准确性，如图 23-26 所示。

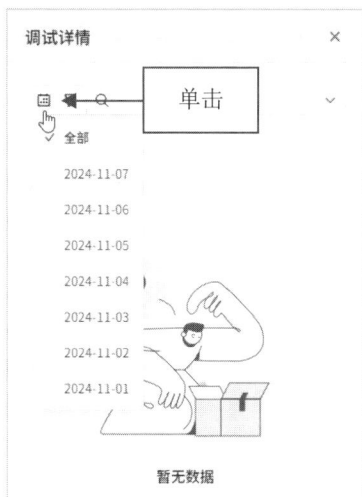

图 23-25 单击时间图标

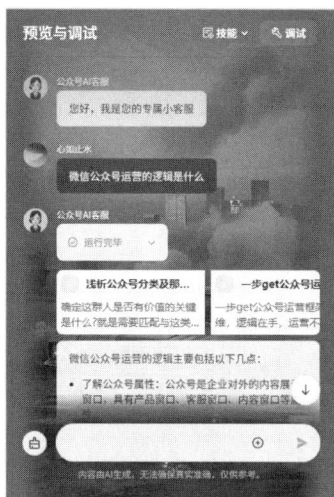

图 23-26 测试智能体

23.2.6 发布智能体

创建好 AI 客服机器人后，用户可以将它发布到微信公众号中。下面介绍发布智能体的具体操作方法。

STEP 01 返回"编排"页面，单击页面右上角的"发布"按钮，如图 23-27 所示，发布制作好的智能体。

图 23-27　单击"发布"按钮

STEP 02 进入"发布"页面，单击"微信订阅号"右侧的"配置"按钮，如图 23-28 所示。

图 23-28　单击"配置"按钮

STEP 03 弹出"配置微信公众号(订阅号)"对话框，输入相应的 AppID(开发者 ID)；单击"保存"按钮，如图 23-29 所示。

专家提醒

　　用户前往微信公众平台，在"设置与开发"|"基本配置"|"公众号开发信息"页面中，即可查看该公众号的AppID。

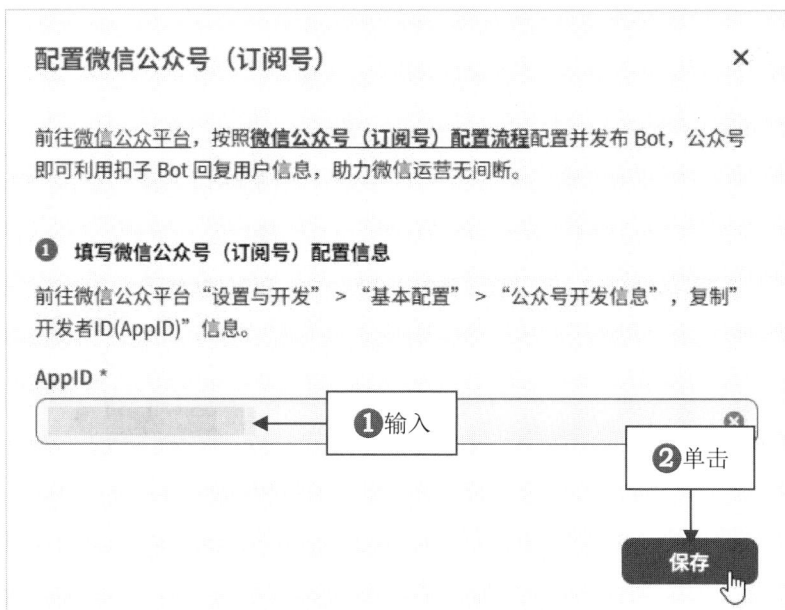

图 23-29　单击"保存"按钮

STEP 04 弹出"公众平台账号授权"面板，使用微信扫描二维码，如图 23-30 所示，并在微信中进行授权。

STEP 05 执行操作后，即可成功授权。返回"发布"页面，单击右上角的"发布"按钮，如图 23-31 所示。

图 23-30　扫描二维码

图 23-31　单击"发布"按钮

STEP 06 执行操作后，即可成功发布到微信公众号，单击"微信订阅号"右侧的

"立即对话"按钮，如图 23-32 所示。

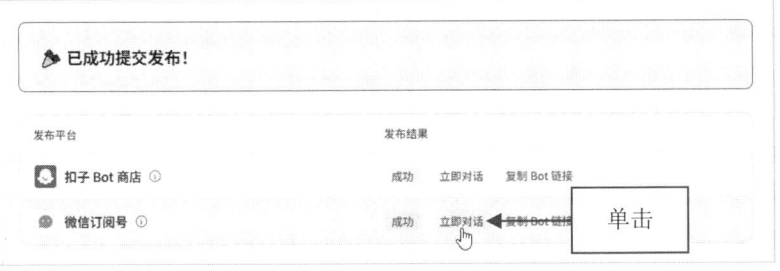

图 23-32 单击"立即对话"按钮

STEP 07 弹出相应的二维码，用户使用微信扫描二维码后，进入公众号的聊天界面，即可与 AI 客服机器人进行对话，如图 23-33 所示。

图 23-33 与公众号 AI 客服机器人进行对话